U0571999

无人机的组装与调试

主　编　王庆峰　　王迎春

副主编　张　璐　　孔繁臻　　张香柳
　　　　潘健敏

参　编　谈秋英　　谢　艳　　何盛铭
　　　　郦　宏　　王华康

无人机操作视频

北京理工大学出版社
BEIJING INSTITUTE OF TECHNOLOGY PRESS

内容提要

本书由浙江公路技师学院无人机专业教师团队编写，旨在为学校提供优质的无人机课程及无人机教育解决方案，积极推进国内无人机教育的普及，促进学生的全面发展。全书分为五个项目，主要内容包括无人机装调技术认知、NAZA飞控多旋翼无人机组装与调试、Pixhawk飞控多旋翼无人机组装与调试、维修调试平台使用、固定翼无人机组装与调试。

本书可作为高等院校，高职、中职院校无人机专业教学用书，也可作为无人机爱好者或培训机构参考用书。

图书在版编目（CIP）数据

无人机的组装与调试 / 王庆峰，王迎春主编 .
北京：北京理工大学出版社，2025.1.
ISBN 978-7-5763-4655-8

Ⅰ .V279

中国国家版本馆 CIP 数据核字第 20253YW714 号

责任编辑：高雪梅　　　　　　文案编辑：高雪梅
责任校对：周瑞红　　　　　　责任印制：李志强

出版发行 / 北京理工大学出版社有限责任公司
社　　址 / 北京市丰台区四合庄路 6 号
邮　　编 / 100070
电　　话 /（010）68914026（教材售后服务热线）
　　　　　（010）63726648（课件资源服务热线）
网　　址 / http：//www.bitpress.com.cn

版 印 次 / 2025 年 1 月第 1 版第 1 次印刷
印　　刷 / 河北鑫彩博图印刷有限公司
开　　本 / 787 mm×1 092 mm　1/16
印　　张 / 12
字　　数 / 284 千字
定　　价 / 69.00 元

前　言

　　本书的编写基于当前经济社会对高技能人才的需求，贯彻党的二十大精神，根据技能强国战略，体现立德树人根本目的，充分体现低空经济产业最新发展。无人机被称为"空中机器人"，主要用于军事用途和民用多种任务。无人机系统由飞行平台、动力系统、飞控导航系统、链路系统、任务系统、地面站等组成，主要是为了完成特定任务，追求的是系统的任务完成能力。作为新兴技术，无人机从设计、组装到操控技术，均属于高新前沿科技产业。

　　近年来，我国无人机行业发展迅猛，取得了显著的成就。作为航空产业中冉冉升起的新星，无人机产业不仅在社会生产、生活中发挥了越来越重要的作用，更成为新的经济增长点。产业发展也持续提速，不断刷新着市场对无人机人才的需求，特别是在一些专业领域，对于相关人才的渴求更为显著。2023 年，国内民用无人机市场规模约为 557.8 亿元，2013—2023 年复合年增长率高达 49.5%。2013—2023 年，全球无人机行业市场规模由 93 亿美元增长至近 600 亿美元，期间复合年增长率达20.43%。

　　业内人士表示，其实市场上并不缺乏只会起降无人机的普通飞手，缺乏的是能够熟练操作、自主维修，还懂得服务领域专业知识的全面人才。2017 年 12 月 6 日，工业和信息化部发布《关于促进和规范民用无人机制造业发展的指导意见》，明确支持有条件的高校和职业院校设立无人机相关专业。目前，国内已有近百所专科院校、大学开设无人机相关科系，其中包含北京航空航天大学、南京航空航天大学、西北工业大学等知名高等学府。另外，很多职业院校也陆续开设无人机相关应用技

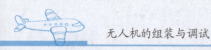

能专业。由于我国低空无人机操作技术起步较晚，当下无人机研发、生产、应用等机构对低空无人机操控人才的需求非常迫切，人才需求缺口大、供不应求。无人机教育必将成为培养、孵化中国未来创新人才的重要阵地。

　　本书由专业教师团队编写，旨在为学校提供优质的无人机课程及无人机教育解决方案，积极推进国内无人机教育的普及，促进学生的全面发展。本书具体编写分工为：项目一由王庆峰、谈秋英、何盛铭编写；项目二由张香柳、王迎春编写；项目三由孔繁臻、谢艳、王庆峰编写；项目四由王华康，王庆峰编写；项目五由张璐，潘健敏、郦宏编写。

　　由于编者学识有限，书中不足之处在所难免，恳盼读者给予指正。

编　者

目　录

项目一 无人机装调技术认知

项目描述

无人机组装与调试初学者，首先要明确无人机基础认知；熟悉无人机的定义、分类和用途；能熟练操作无人机组装的工具和材料；扎实掌握无人机遥控器知识、电池知识、载荷知识；熟悉无人机实训室安全要求；养成精益求精的工作态度，保证无人机组装工作循序渐进地开展。

任务一 无人机基础认知

学习目标

知识目标
1. 认识无人机的定义。
2. 归纳无人机的分类。
3. 明确无人机的用途。
4. 明确无人机实训室安全。

能力目标
1. 具备无人机资料收集与整理的能力。
2. 能遵守操作规范。

素养目标

1. 培养统筹安排的能力。
2. 培养沟通与表达的能力。

 任务导入

有一队无人机爱好者，来我校无人机实训室进行参观，你需要整理一些无人机资料，对参观者进行科普。你将成为一名无人机解说员，需要做哪些准备工作呢？

 知识储备

一、无人机的定义

无人驾驶飞机简称无人机，英文缩写为 UAV（Unmanned Aerial Vehicle），是利用无线电遥控设备和自备的程序控制装置操纵的不载人飞机，或者由车载计算机完全地或间歇地自主操作（图1-1）。无人机实际上是无人驾驶飞行器的统称。

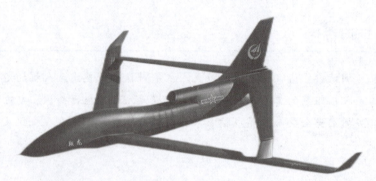

图 1-1　"翔龙"无人机

与有人驾驶飞机相比，无人机具有体积小、造价低、使用方便、对飞行环境要求低、生存能力较强等优点。无人机往往更适合执行"重复性、肮脏或危险"的任务。由于无人驾驶飞机对未来空战有着重要的意义，世界各主要军事国家都在加紧进行无人驾驶飞机的研制工作。

二、无人机的分类

国内外无人机技术飞速发展，促使无人机系统种类繁多、用途广、特点鲜明，在尺寸、质量、航程、航时、飞行高度、飞行速度及任务要求等方面都有较大差异。由于无人机的多样性，出于不同的考量会有不同的分类方法。

1. 按飞行平台构型分类

按飞行平台构型分类，无人机可分为固定翼无人机（图1-2）、多旋翼无人机（图1-3）、无人直升机（图1-4）、伞翼无人机（图1-5）、扑翼无人机（图1-6）、无人飞艇（图1-7），还包括近年流行起来的一种复合翼无人机、无人垂直起降机（图1-8）等。

图 1-2　固定翼无人机

图 1-3　多旋翼无人机

图 1-4　无人直升机

图 1-5　伞翼无人机

图 1-6　扑翼无人机

图 1-7　无人飞艇

图 1-8　无人垂直起降机

2. 按用途分类

按用途分类，无人机可分为军用无人机和民用无人机。

军用无人机可分为侦察无人机、诱饵无人机、电子对抗无人机、通信中继无人机、无人战斗机及靶机等。

民用无人机可分为巡查/监视无人机、农用无人机、气象无人机、勘探无人机及测绘无人机等。

3. 按尺度分类（民航法规）

按尺度分类（民航法规），无人机可分为微型无人机、轻型无人机、小型无人机及大型无人机。

微型无人机是指空机质量小于等于 7 kg 的无人机。轻型无人机是指空机质量大于 7 kg，但小于等于 116 kg 的无人机，且全马力平飞时，校正空速小于 100 km/h（55 nmile/h），升限小于 3 000 m。小型无人机是指空机质量小于等于 5 700 kg 的无人机，微型和轻型无人机除外。大型无人机是指空机质量大于 5 700 kg 的无人机。

4. 按活动半径分类

按活动半径分类，无人机可分为超近程无人机、近程无人机、短程无人机、中程无人机和远程无人机。

超近程无人机活动半径为 15 km 以内，近程无人机活动半径为 15～50 km，短程无人机活动半径为 50～200 km，中程无人机活动半径为 200～800 km，远程无人机活动半径大于 800 km。

5. 按任务高度分类

按任务高度分类，无人机可分为超低空无人机、低空无人机、中空无人机、高空无人机和超高空无人机。

超低空无人机任务高度一般为 0～100 m，低空无人机任务高度一般为 100～1 000 m，中空无人机任务高度一般为 1 000～7 000 m，高空无人机任务高度一般为 7 000～18 000 m，超高空无人机任务高度一般大于 18 000 m。

三、无人机的用途

1. 民用领域

民用无人机主要应用在警用、城市管理、农业、地质、气象、电力、抢险救灾、视频拍摄等行业，用途十分广泛。

2. 军用领域

无人机用途广泛，成本低，效率较高；无人员伤亡风险；生存能力强，机动性能好，使用方便，在现代战争中有着极其重要的作用。

侦察无人机用于完成战场侦察和监视、定位校射、毁伤评估、电子战、边境巡逻等；靶机可作为火炮、导弹的靶标。

四、无人机实训室安全教育

无人机生产组装实训室是无人机驾驶与维修专业主要的实训基地，设备贵重、先进，为保证学生有一个良好的学习环境，高效地开展组装与维修学习，特制定以下管理办法，请认真遵守执行。

（1）本专业教师和学生必须遵守实训室设备操作规程，实训室的安全人人有责，发现隐患及时报告，并解决相关安全隐患。

（2）使用大型功率机器应提前做好安全措施，防止造成不必要的伤害。

（3）为保证生产组装室的安全与清洁，除学习用具外，严禁携带其他不相关的物品进入。

（4）禁止课后私自将实训室设备带出，否则一经发现按校规校纪处理。

（5）借出物品时需向实训室管理员进行登记，归还时若物品损坏或丢失应进行一定的赔偿。

（6）生产组装室内每位学生应当在指定的设备上按规定进行操作，因违规操作造成的一切损失由个人承担。

（7）实训时必须按任课教师当堂所布置的内容进行，不允许进行违规操作，否则一经发现，该实训课即以零分处理。

（8）爱护公共设施，不得移动实训室内物品，违者则暂停或取消其实训资格。

（9）生产组装室内严禁打闹、大声喧哗，避免不必要的碰伤。

（10）需借出生产组装室里的任何物品，应按照航空工程部无人机实训室规章制度进行借出。

（11）学生有义务维护实训室卫生，不得在实训室内吃零食、吐痰及丢弃杂物和纸屑等。当天值日生负责实训期间的卫生和物品摆放，并应按照原摆放位置进行摆放。

（12）学生要严格遵守实训管理制度，听从实训室管理员的管理，如违反上述制度，造成实训器材损坏或丢失的，该学生须承担赔偿责任，并视情节轻重按有关规定予以批评、处分，直至追究法律责任。

 任务实施

任务场景	无人机实训室讲解
任务分组	学生 4～6 人一组，按照组间同质、组内异质进行分组，并推选组长，组长明确成员分工，相互配合完成任务
实施过程	1. 各组在教室就座，准备好计算机、评分表。 2. 制作 PPT，制定参观路线，并按参观路线准备解说词。 3. 各组派代表分别解说。 4. 各组相互评分
任务要求	解说词包括以下内容： （1）无人机实训室总体介绍； （2）无人机的定义； （3）无人机的分类； （4）无人机的用途
任务反思	1. 在个人素养提升方面有哪些收获？

续表

任务反思	2. 无人机最新应用在哪些方面？
	3. 在任务实施中有哪些需要提高的方面？

 任务评价

序号	评价项目	评价指标	分值	自评 30%	互评 30%	师评 40%	合计
1	职业素养（30分）	制订计划能力强，严谨认真	5				
		责任意识、服从意识强	5				
		团队合作、交流沟通、分享能力强	5				
		遵守规范	5				
		完成任务积极主动	5				
		采取多种手段收集信息、解决问题	5				
2	专业能力（60分）	仪态大方、得体	15				
		能清晰、脱稿、正确讲解	15				
		巩固练习可在 10 min 内完成，正确率 100%	15				
		能准确地描述自己的优缺点，正视差距所在	15				
3	创新意识（10分）	具备创新性思维和行动	10				
合计			100				
综合得分							

 巩固练习

1. 近程无人机活动半径为（　　）。

A. 小于 15 km　　　　B. 15～50 km　　　　C. 200～800 km

2. 超近程无人机活动半径为（　　）。

A. 15 km　　　　　　　B. 15～50 km　　　　　C. 50～200 km

3. 中程无人机活动半径为（　　）。

A. 50～200 km　　　　　B. 200～800 km　　　　C. >800 km

4. 超低空无人机任务高度一般为（　　）。

A. 0～100 m　　　　　　B. 100～1 000 m　　　　C. 0～50 m

5. 微型无人机是指（　　）。

A. 空机质量小于等于 7 kg 的无人机　　　　B. 质量小于 7 kg 的无人机

C. 质量小于等于 7 kg 的无人机

6. 轻型无人机是指（　　）。

A. 质量大于等于 7 kg，但小于 116 kg 的无人机，且全马力平飞时，校正空速小于 100 km/h（55 nmile/h），升限小于 3 000 m

B. 质量大于 7 kg，但小于等于 116 kg 的无人机，且全马力平飞时，校正空速大于 100 km/h（55 nmile/h），升限大于 3 000 m

C. 空机质量大于 7 kg，但小于等于 116 kg 的无人机，且全马力平飞时，校正空速小于 100 km/h（55 nmile/h），升限小于 3 000 m

7. 大型无人机是指（　　）。

A. 空机质量大于 5 700 kg 的无人机

B. 质量大于 5 700 kg 的无人机

C. 空机质量大于等于 5 700 kg 的无人机

8. 无人机的英文缩写是（　　）。

A. UVS　　　　　　　　B. UAS　　　　　　　　C. UAV

任务二　多旋翼无人机组装

 ## 学习目标

知识目标

1. 认识多旋翼无人机的定义。

2. 认识多旋翼无人机的构造。

3. 明确无人机飞行原理。

能力目标

1. 能清晰描述无人机运动原理。

2. 能绘制无人机连接简图。

3. 能正确组装机架。

4. 能正确组装动力系统。

素养目标

1. 培养制订计划能力。
2. 养成团队合作能力。
3. 培养交流沟通、分享能力。

 任务导入

有一批 F450 无人机散件，你需要学习无人机构造知识和飞行原理知识，能根据图纸正确组装 F450 无人机散件。

 知识储备

一、多旋翼无人机的定义

多旋翼无人机是指由三个及以上旋翼轴上的电机带动螺旋桨旋转产生升力和推力的特殊的直升机。旋翼的总距固定，通过改变不同旋翼之间的相对转速，达到控制旋翼飞行器运动轨迹的目的。

二、多旋翼无人机的构造

多旋翼无人机系统一般由机架（机身、机臂、起落架）、动力系统（电机、电调、电池、螺旋桨）、飞行控制系统（飞控平台、数传电台、地面站、GPS 等）、遥控装置（遥控器、遥控接收机）和任务载荷等模块组成，如图 1-9 所示。

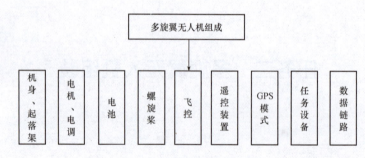

图 1-9　多旋翼无人机组成

1. 机身系统

机身系统的主要功能是装载各类设备、动力电池或燃料，同时也是其他结构部件的安装基础，用以将支臂、脚架、云台等连接成一体。机架由塑料、玻璃纤维、碳纤维、航空铝合金、钛合金等多种材料制成。

（1）塑料机架：具有一定的刚度、强度和可弯曲度，易加工且价格低，比较适合初学者（图 1-10）。

（2）玻璃纤维机架：刚度和强度比较高，加工困难，价格较高，密度小，可以减轻整体机架的质量。中心板多用玻璃纤维制成，机臂多用管型，如图 1-11 所示。

图 1-10　塑料机架

图 1-11　玻璃纤维机架

（3）碳纤维机架：相比玻璃纤维机架，强度和价格更高。出于结构强度和质量的考虑，机架一般选用碳纤维材料，如图 1-12 所示。

（4）铝合金/钢机架：适合自己动手制作。

图 1-12　碳纤维机架

2. 动力系统

动力系统主要为无人机提供飞行动力，包含螺旋桨、电机、电调、电池几部分。

（1）螺旋桨（图 1-13）。螺旋桨安装在电机上，是通过旋转将电机的转动功率转化为动力，为飞行器提供升力的装置。产生的升力大小依赖于桨叶的平面形状、桨叶的迎角及电机的转速。桨叶的扭转是为了从毂轴到叶尖产生一致的升力。一般多旋翼无人机安装的都是定距桨。

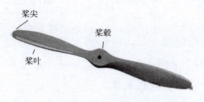
图 1-13　螺旋桨

螺旋桨主要指标有桨径和螺距。通常使用 4 个数字来表示其规格，前面 2 位数字表示桨的直径，后面 2 位数字表示桨的螺距，单位默认为英寸（1 英寸＝2.54 cm）（图 1-14）。

图 1-14　螺旋桨规格表示和螺距示意

螺距是指假设螺旋桨在一种不能流动的介质中旋转一圈所形成的螺旋距离。桨叶的角度越大，螺距也越大。桨的直径和螺距越大，桨能提供的拉（推）力越大；而桨的直径和螺距越小，则桨能提供的速度就越快，桨可分为正桨和反桨。

正桨：在顶视视角下，逆时针旋转的桨称为正桨，旋转方向符合右手定则，英文用CCW表示。正桨是拉力桨，产生拉力使模型向前。

反桨：在顶视视角下，顺时针旋转的桨称为反桨，英文用CW表示（或用字母R标识）。反桨是推力桨，产生推力使模型向前。

多轴飞行器除了规定每个轴的电机旋转方向外，还规定了每个轴安装的螺旋桨是正桨还是反桨。安装螺旋桨前，首要是区分好正桨和反桨。

（2）电机（Motor）（图1-15）。四旋翼无人机使用的主流电机是外转子三相交流无刷同步电机。无刷电机的转子和定子之间没有电刷换向器。无刷电机的型号有2212、2820、5010。2212中的前两位代表的是定子线圈的直径，也就是铁芯的直径，单位为mm，后两位代表的是定子线圈高度（或铁芯的厚度）。5010表示电机铁芯直径为50 mm，厚（高）度为10 mm。

图1-15　电机

电机常见参数如下：

①电机T数：T，英文Turn，表示线圈绕了多少圈的意思。例如，线圈绕了21圈，则称为21T。

②转速/kV值：是指电压每增加1 V，电机的空载每分钟增加多少转数（RPM）。有刷电机有些会标出转速，如30 000 r/min @ 7.2 V，意思是7.2 V时电机可以实现30 000 r/min的空载转速。对于同种尺寸规格的无刷电机来说：

绕线匝数多的，kV值低，最高输出电流小，但扭力大；

绕线匝数少的，kV值高，最高输出电流大，但扭力小。

③桨叶与电机的匹配：大桨用低kV电机，小桨用高kV电机。如果高kV带大桨，力量不够，电机和电调很容易烧掉；如果低kV带小桨，升力不够，可能造成无法起飞。

（3）电子调速器：简称电调（图1-16）。动力电机的调速系统称为电调，全称电子调速器（Electronic Speed Controller，ESC）。根据电机的不同，电调可分为有刷电调和无刷电调。它接收自驾仪或接收机的控制信号（通过飞控板给定PWM信号），将输入的电源转为不同的电压，并输出到电机，根据控制信号调节电机的转速。现在多旋翼无人机一般使用的电调分为两类，一类是带BEC（降压模块）的电调，另一类是不带BEC的opTo光电电调。BEC电调有分流供电能力，可将动力电池电压变为5 V电压为飞控供电，但通常只保留一个电调供电。如果使用不带BEC的电调，就需要对飞控单独供电。

（4）电池（图1-17）。目前无人机所用的电池为锂聚合物电池（Lithium-Polymer Battery，LiPo），又称高分子锂电池。锂聚合物电池具有超薄化特征，可以配合一些产品的需要，制作成不同形状与容量的电池。锂聚合物电池具有高倍率、高能量比、高性能、高安全、长寿命、小型化、轻量化、环保无污染等优点，是一种化学性质的电池。LiPo 单节标称电压为 3.7 V，满电时，目前主流电芯均为 4.2 V 单节；锂聚合物单电芯电池正常使用的最低电压是 2.7 V，最高电压是 4.2 V。

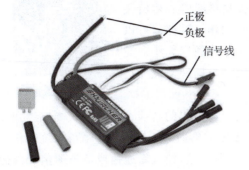

正极
负极
信号线

输出端：3根线连接交流电机。
输入端：2根粗线接动力电源；2根控制线接飞控（方形
　　　　波信号）。
信号线：白线为信号线，黑线为地线。若电调里有BEC
　　　　（降压模块），会多1根红线，为飞控、接收机
　　　　等5V供电。
20 A的电调：表示瞬间最大耐受电流为20 A。

图 1-16　电调

图 1-17　电池

3. 控制系统

控制系统是控制无人机飞行的设备，由飞控、遥控器、通信链路等组成。

（1）飞控。飞控全称导航飞控系统，又称为自动驾驶仪。目前主要分为开源和闭源两派，开源飞控的"鼻祖"来自 Arduino，著名的 WMC 飞控和 APM 飞控都是 Arduino 飞控的直接衍生品，APM 全称 Ardu Pilot Mega，Ardu 的代表产品就是 Arduino。APM 飞控是目前成熟度最高的开源飞控，但由于容量和计算量有限，在不久的将来一定会被更强大的 PIX4、Pixhawk 所超越，成为一个时代的缩影。还有一些较为初级的飞控，如 KK、QQ、玉兔等，这里不再赘述。闭源飞控主要由商业公司推出，如 DJI 的工业级飞控 A2、A3，入门级飞控 NAZA 系列，还有零度的 S4、X4 和双子星 GEMINI。值得一提的是其中的双子星，它是国内首个双余度安全飞行控制系统。随着安全性的重视和提高，冗余度设计也将成为无人机的标配。

飞行控制（简称飞控）系统在无人机中的作用相当于有人驾驶飞机中驾驶员的作用，是无人机的大脑。飞行控制系统是无人机中最重要的核心技术。飞控系统一般包括传感器、机载计算机和伺服驱动装置三部分。功能主要包括无人机姿态稳定与控制、无人机任务设备管理和应急控制三大类。它能够使无人机以稳定的姿态飞行，它是无人机自主或半自主飞行的控制系统。其主要部件有陀螺仪（飞行姿态感知）、加速度计、地磁感应、GPS 模块（选装），以及控制电路。无人机飞控的主要功能是自动保持飞行器的正常飞行姿态。

（2）遥控器（图1-18）。遥控装置由遥控器和接收机组成，是整个飞行系统的无线控制终端。遥控器，英文名为Remote Control，意思是无线电控制，通过它可以对设备、电器等进行远距离控制。

遥控器发送飞控手的遥控指令到接收器上，接收器解码后传给飞控制板，进而多旋翼无人机根据指令作出各种飞行动作。遥控器可以进行一些飞行参数的设置。例如：油门的正反、摇杆灵敏度大小、舵机的中立位置调整、通道的功能定义、飞机时间记录与提醒、拨杆功能设定。高级功能有回传电池电压、电流数据等。

图1-18 遥控器

（3）通信链路（图1-19）。无人机通信链路是一个多模式的智能通信系统，能够感知其工作区域的电磁环境特征，并根据环境特征和通信要求，实时、动态地调整通信系统工作参数（包括通信协议、工作频率、调制特性和网络结构等），达到可靠通信或节省通信资源的目的。

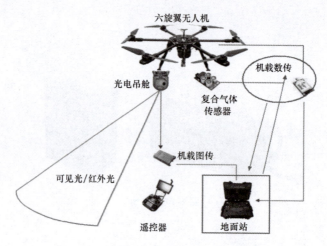

图1-19 通信链路

通信链路包括数传和图传。数传就是数字传输，数传终端和地面控制站（笔记本或手机等数据终端）接收来自飞控系统的数据信息。图传就是图像传输，接收机载相机或摄像机拍摄的图像，一般延迟在几十毫秒左右，目前也有高清数字图传，传输速率和清晰度都有很大提高。

数传电台：数传电台是指借助DSP技术和无线电技术实现的高性能专业数据传输电台。采用数字信号处理、数字调制解调，具有前向纠错、均衡软判决等功能。数传电台一端接入计算机（地面站软件），另一端接入多旋翼无人机自驾仪，通信采用一定协议进行，从而保持自驾仪与地面站的双向通信。

无人机通信链路按照传输方向可分为上行链路（遥控器）、下行链路（图传）、上下行链路（数传）。

目前，世界上无人机的频谱使用主要集中在UHF（超高频）、L和C波段。UHF波段通常指300 MHz到3 GHz的频段，但用于无人机的UHF波段可能特指该范围内的某一部分；L波段通常指的是1～2 GHz的频段；C波段通常指的是4～8 GHz的频段。

我国工业和信息化部无线电管理局初步制定了《无人机系统频率使用事宜》，其中规定：

①840.5～845 MHz频段可用于无人机系统的上行遥控链路；

②1 430～1 444 MHz频段可用于无人机系统的下行遥测与信息传输链路；

③2 408～2 440 MHz频段可用于无人机系统的下行链路。

数传电台的指标如下：

①频率：可选择433 MHz或915 MHz。美洲地区可用915 MHz；欧洲和中国等一般用433 MHz，对915 MHz频段是禁用的。

②传输距离：根据功率大小不同，不同的数传电台具有不同的传输距离。

③传输速率：传输速率是数传电台的空间数据传输效率的重要指标，可以根据实际应用需求进行设置。

④通信协议：通信协议又称通信规程，是指通信双方对数据传送控制的一种约定。只要按照一定的通信协议，可以使地面站软件通用起来，可以兼容不同的自驾仪。

例如：MAVLink通信协议是一个为微型飞行器设计得非常轻巧的、只由头文件构成的信息编组库。

三、多旋翼无人机的原理

四旋翼飞行器（图1-20）采用四个旋翼作为飞行的直接动力源，旋翼对称分布在机体的前、后、左、右四个方向，四个旋翼处于同一高度平面，且四个旋翼的结构和半径都相同，旋翼1和旋翼3逆时针旋转，旋翼2和旋翼4顺时针旋转，四个电机对称地安装在飞行器的支架端，支架中间空间安放飞行控制计算机和外部设备。

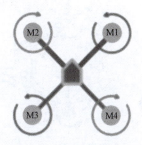

图1-20　四旋翼飞行器

四旋翼无人机在空中有六个自由度，即三个姿态和三个位置（图1-21）。三个姿态（角运动）是滚转（Roll）、俯仰（Pitch）、偏航（Yaw）。三个位置（直线运动）是上下（Throttle）、前后和左右。

六个自由度的相互关系（图1-22）如下：

滚转：Roll，控制四旋翼左右运动。

俯仰：Pitch，控制四旋翼前后运动。

偏航：Yaw，控制四旋翼的朝向。

垂直：由油门大小控制四旋翼上下运动。

前后运动：与俯仰耦合，机身绕Y轴旋转一定角度后，使升力沿水平方向有了分量，实现前后运动。

侧向运动（左右）：与滚转耦合，原理与前后运动相同。

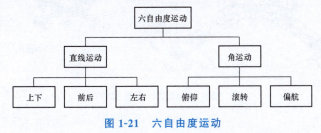

图1-21　六自由度运动

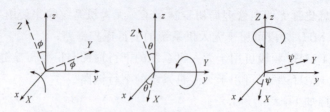

图 1-22　滚转角、俯仰角、偏航角示意

1. 垂直运动

若同时、同量增加四个螺旋桨的转速，则螺旋桨产生的总拉力增大，力矩和仍然为零。当拉力大于重力时，四旋翼就会上升；反之，同时减小四个电机的输出功率，四旋翼飞行器则垂直下降，直至平衡落地，实现了沿 z 轴的垂直运动。当外界扰动量为零，在旋翼产生的升力等于飞行器的自重时，飞行器便保持悬停状态。保证四个旋翼转速同步增加或减少是垂直运动的关键（图 1-23）。

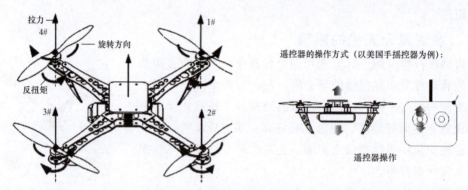

图 1-23　垂直运动原理和操作

2. 俯仰运动

同时、同量减少 1 号、4 号电机的转速，同时、同量增加 2 号、3 号电机的转速，会引起四旋翼向前俯仰，拉力会产生向前的分量（图 1-24）。但是改变俯仰角后，拉力的垂直分量会减小，不再与多旋翼的重力平衡，因此需要增加拉力以维持高度，否则飞行器会掉高。

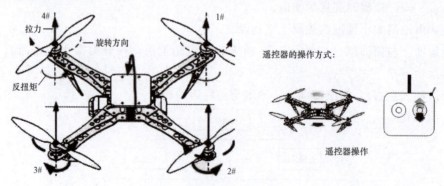

图 1-24　俯仰运动原理和操作

3. 滚转运动

同时、同量减小 1 号、2 号电机的转速，同时、同量增加 3 号、4 号电机的转速，这将产生不平衡力矩使机身向右滚转倾斜，拉力会产生向右的分量（图 1-25）。

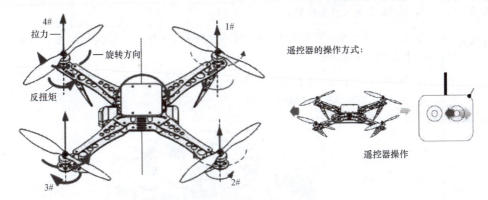

图 1-25　滚转运动原理和操作

4. 偏航运动

四旋翼飞行器的偏航运动可以通过调节旋翼的反扭矩来实现（图 1-26）。在旋翼转动过程中，空气阻力会产生与旋转方向相反的反扭矩。为了克服反扭矩的影响，四旋翼飞行器通常采用两个旋翼正转、两个反转的装置，且对角线上的旋翼转向相同。反扭矩的大小与旋翼转速有关，当四个电机转速相同时，四个旋翼产生的反扭矩相互平衡，四旋翼飞行器不发生转动；当四个电机转速不完全相同时，不平衡的反扭矩会引起四旋翼飞行器转动。同时、同量减小 2 号、4 号电机的转速，同时、同量增加 1 号、3 号电机的转速，这将使前后飞行和左右飞行的力矩为零，但会产生顺时针方向的偏航力矩，使飞行器顺时针偏航。因为电机的总升力不变，飞行器不会产生垂直运动。

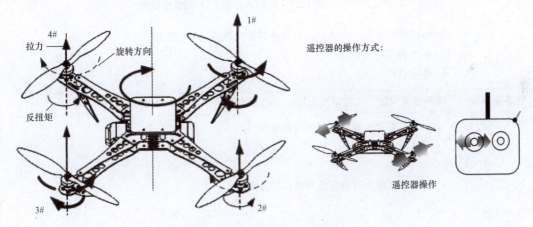

图 1-26　偏航运动原理和操作

任务实施

任务场景	绘制四旋翼无人机连接简图
任务分组	学生 4~6 人一组，按照组间同质、组内异质进行分组，并推选组长，组长明确成员分工，相互配合完成任务
实施过程	1. 各组在教室就座，准备 A3 纸、画笔、评分表。 2. 根据图 1-27 绘制连接简图。 图 1-27　绘制四旋翼无人机连接简图 3. 各组推荐 1 人上台讲解，说明各部分构件的功能和作用。 4. 各组相互进行评分。 5. 教师讲评
任务要求	说明机架组装、飞控系统组装、动力系统组装、电池组装的注意事项
任务反思	1. 在个人素养提升方面有哪些收获？ 2. 在任务实施中有哪些需要提高的方面？ 3. 错误接线有哪些危害？

任务评价

序号	评价项目	评价指标	分值	自评 30%	互评 30%	师评 40%	合计
1	职业素养 （30分）	制订计划能力强，严谨认真	5				
		责任意识、服从意识强	5				
		团队合作、交流沟通、分享能力强	5				
		遵守规范	5				
		完成任务积极主动	5				
		采取多种手段收集信息、解决问题	5				
2	专业能力 （60分）	能清晰描述无人机的运动原理	15				
		能绘制无人机连接简图	15				
		能正确组装机架	15				
		能正确组装动力系统	15				
3	创新意识 （10分）	具备创新性思维和行动	10				
	合计		100				
	综合得分						

 巩固练习

1. 某多轴电调上标有"15A"字样，意思是（　　　）。

A. 电调所能承受的稳定工作电流是 15 A

B. 电调所能承受的最大瞬间电流是 15 A

C. 电调所能承受的最小工作电流是 15 A

D. 电调所能承受的最大持续工作电流是 15 A

2. 某多轴飞行器稳定飞行时，动力电池的持续输出电流为 10 A，该多轴可以选用（　　　）。

A. 50 A 的电调　　　B. 15 A 的电调　　　C. 10 A 的电调　　　D. 20 A 的电调

3. 某多轴电机标有 3810 字样，意思是（　　　）。

A. 该电机最大承受 38 V 电压，最小承受 10 V 电压

B. 该电机转子直径为 38 mm

C. 该电机转子高度为 38 mm

D. 该电机转子直径为 38 英寸

4. 某多轴电机标有 500 kV 字样，意思是（　　　）。

A. 对应 1 V 电压，电机提供 500 000 转转速

B. 电机最大耐压为 500 kV

C. 对应 1 V 电压，电机提供 500 转转速

D. 对应 1 V 电压，电机转速为 500 r/min

5. 六轴飞行器安装有（　　　）。

A. 6 个顺时针旋转螺旋桨

B. 3 个顺时针旋转螺旋桨和 3 个逆时针旋转螺旋桨

C. 4 个顺时针旋转螺旋桨和 2 个逆时针旋转螺旋桨

D. 4 个逆时针旋转螺旋桨和 2 个顺时针旋转螺旋桨

6. 多轴飞行器起降时接触地面的一般是（　　　）。

A. 机架　　　　　　B. 云台架　　　　　　C. 脚架　　　　　　D. 机臂

7. 多轴飞行器动力电池充电尽量选用（　　　）。

A. 便携充电器　　　B. 快速充电器　　　C. 平衡充电器　　　D. 便携充电站

8. 多轴飞行器每个"轴"上，一般连接（　　　）。

A. 1 个电调和 1 个电机　　　　　　　　　B. 2 个电调和 1 个电机

C. 1 个电调和 2 个电机　　　　　　　　　D. 2 个电调和 2 个电机

任务三　无人机常用组装工具的使用

 ## 学习目标

知识目标

1. 认识无人机组装夹持工具。

2. 认识无人机组装紧固工具。

3. 认识无人机组装剪切工具。

4. 认识无人机组装电动工具。

5. 认识无人机组装检测工具。

6. 认识无人机组装测量工具。

7. 认识无人机组装焊接工具。

能力目标

1. 能安全、正确地使用夹持、紧固、剪切工具。

2. 能正确使用测量、电动工具。

3. 能正确使用检测、焊接工具。

素养目标

1. 培养交流沟通、分享的能力。

2. 培养遵守行业规范的品质。

3. 培养积极主动的工作情操。

任务导入

"工欲善其事，必先利其器"是出自《论语》的名句，至今广为引用。孔子告诉子贡，一个做手工或工艺的人，要想把工作完成，做得完善，应该先把工具准备好。例如，成语"磨刀不误砍柴工"，要办成一件事，一定要事先进行筹划、安排，这样才能稳步把事情做好。以下这些工具你会使用吗？如果不会，请马上学习。

 知识储备

在进行无人机组装之前，必须知道需要准备哪些工具。本任务主要讲述无人机组装和调试时常用的工具，以及这些工具的具体应用场合。

无人机组装的常用工具有夹持工具、紧固工具、剪切工具、电动工具、检测工具、焊接工具、测量工具。

一、夹持工具

1. 尖嘴钳

尖嘴钳主要用于附件紧密处的操作和夹持小物品、拧接细线等（图1-28）。

2. 镊子

镊子可以用来夹持细小精密物件、导线、元件及集成电路引脚等（图1-29）。一般有直头、平头、弯头镊子等。

图1-28　尖嘴钳　　　　　　　　　　图1-29　镊子

二、紧固工具

1. 螺钉旋具

螺钉旋具，又称螺丝刀、起子，是用来拧螺栓、螺钉的工具。按不同的头形可以分为一字、十字、米字、星形、方头、六角头和Y形等类型。其中，一字螺钉旋具、十字螺钉旋具、内六角螺钉旋具如图1-30、图1-31所示。当组装无人机时，要经常用螺钉旋具对各种部件之间的连接进行紧固固定。

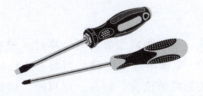

图1-30　一字螺钉旋具、十字螺钉旋具　　　图1-31　内六角螺钉旋具

2. 扳手

扳手种类很多，常用的有固定扳手（图 1-32）、活动扳手、内六角扳手（图 1-33）和外六角扳手（图 1-34）。无人机无刷电机大多采用六角螺母或是带子弹头的六角螺母，所以在无人机装调时最常用的扳手就是内六角扳手，或者使用内六角螺钉旋具拆装螺旋桨。

内六角扳手通过扭矩施加对螺栓的作用力，大大降低了使用者的用力强度。内六角扳手与一字、十字螺钉旋具在使用时的受力是不一样的，一字和十字螺钉旋具需要人用轴向力压住螺栓再拧，容易拧花螺栓头，而内六角扳手插入螺栓头后给一个旋转力即可，不容易打滑，可以拧得更紧，所以一般受力比较大的地方采用内六角螺栓来连接。

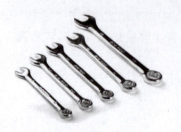  

图 1-32　固定扳手　　　　　　图 1-33　内六角扳手　　　　　图 1-34　外六角扳手

三、剪切工具

1. 斜口钳

斜口钳的刀口可用来剖切软电线的橡皮或塑料绝缘层（图 1-35）。钳子的刀口也可用来切剪电线、铁丝。剪 8 号镀锌铁丝时，应用刀刃绕表面来回割几下，然后只需轻轻一扳，铁丝即断。铡口也可以用来切断电线、钢丝等较硬的金属线。

2. 剥线钳

剥线钳是电工、修理工、仪器仪表电工常用的工具之一，用来剥除电线头部的表面绝缘层，使电线被切断的绝缘皮与电线分开，剥线钳的塑料手柄还可以防止触电（图 1-36）。

图 1-35　斜口钳　　　　　　　　　　图 1-36　剥线钳

四、电动工具

1. 手电钻

手电钻（图 1-37）是手工制作、维修必备的工具，可用来对金属材料、木材、塑料等钻孔、攻螺纹、拧螺栓等，常用的有充电式手电钻、220 V 插电式手电钻。当装有正反转开关和电子调速装置后，可用作电动螺丝起子。当制作无人机的机身、副翼、尾翼时，根据设计需要和材料选择的不同可以选用不同规格的钻头。

2. 手工锯

在自制无人机时，经常需要加工碳管、碳纤维板等零配件。当机加工不方便时，可以用手工锯进行简单的切割制作（图 1-38）。

图 1-37　手电钻   图 1-38　手工锯

五、检测工具

1. 试电笔

试电笔是一种电工工具，用来测试电线中是否带电（图 1-39）。

2. 万用表

万用表的主要功能是测电压、电阻和电流等（图 1-40）。多功能的万用表还可以测交流电流、电容、三极管放大倍数和频率等。一般分为数字式万用表和机械式万用表。在无人机组装与调试、维修过程中经常需要测量锂电池电压、飞控电源输入电压、电调 EBC 电压、摄像头电压、图传电压、线路通断和分电板分电情况等。

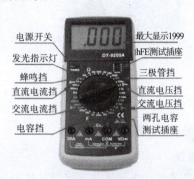

图 1-39　试电笔   图 1-40　万用表

3. 低电量报警器

低电量报警器（又称 BB 响，图 1-41）简称为电压显示器，主要有两个功能：电压显示和低压报警。其用于 1～8 s 的锂电池检测，自动检测锂电池每个电芯的电压和总电压，支持反向连接保护。它可以随时了解电池的工作状态，使电池不会因为过放或过充而造成伤害。当电压低于设定值时，蜂鸣器就会响起，并且红色 LED 灯会闪烁。

4. 桨平衡器

螺旋桨装在无人机上高速旋转，转速高达数万转，如果桨的平衡性不好，会影响飞行平稳性，产生震动、噪声等。因此，桨的动平衡和静平衡非常重要，好的静平衡是动平衡的基础。桨平衡器可以用来检测桨叶的静平衡（图 1-42）。理想的静平衡状态是螺旋桨处于任意角度，均能自行静止，如果某桨叶静止时一边的位置总是"下沉"，即应找出这个桨叶两边的差异，并且进行修正、再试，直到合格。

图 1-41　低电量报警器

图 1-42　桨平衡器

5. 舵机测试器

舵机测试器，主要用来检测舵机的虚位、抖动和中位，也可以用来测量无刷电机接线和转向的对应关系（图 1-43）。

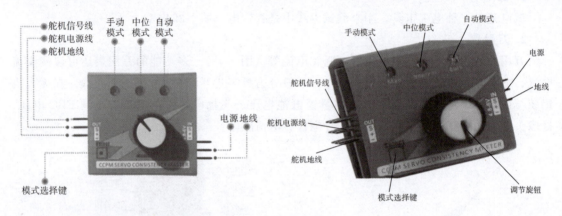

图 1-43　舵机测试器

六、焊接工具

1. 电烙铁

电烙铁用来焊接电子元件和导线，在电子制作及维修过程中是必不可少的工具（图 1-44）。电烙铁按机械结构不同，可分为外热式电烙铁和内热式电烙铁；按功能不同，可分为无吸锡式电烙铁和吸锡式电烙铁；按用途不同，可分为大功率电烙铁和小功率电烙铁。其选用方法主要根据功率大小和烙铁头形状来选择。

电烙铁用于焊接电子元件，为方便使用，通常用焊锡丝作为焊料。焊锡丝内部一般含有助焊剂（如松香），其主要成分为 60% 的锡和 40% 的铅，熔点较低。

2. 热熔胶枪

热熔胶枪（图 1-45）是一种非常方便、快捷的粘胶工具，相比液体胶水，其最大优势是粘固的速度快、效率高，缺点是胶体比较重，在一些对起飞质量有严格要求的无人机来说不太适合。

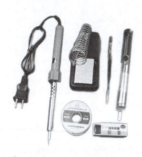

图 1-44　电烙铁

图 1-45　热熔胶枪

3. 风枪焊台

风枪焊台（图 1-46）又称热风台或热风拆焊台，是一种利用发热电阻丝的枪芯吹出的热风来对元件进行焊接与拆卸的工具。在不同的场合，对风枪焊台的温度和风量等有特殊要求，温度过低会造成元件虚焊，温度过高会破坏元件及线路板，风量过大会吹跑小元件。

焊台，从本质上说，也是电烙铁的一种，性能上的区别主要是温度控制精准、升温快。

图 1-46　风枪焊台

七、测量工具

1. 直尺

长度为 300 mm 和 1 m 的钢直尺比较常用，如图 1-47 所示。直尺主要用来测量，在裁切木板等材料时使用，可粗略测量结构件的尺寸。

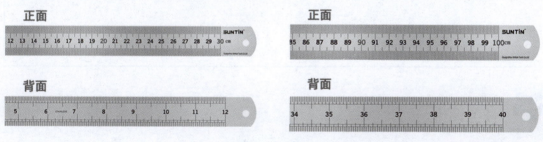

图 1-47　直尺

2. 游标卡尺

游标卡尺是一种用来测量长度、厚度、深度、内径和外径的工具，精确度高，如图 1-48 所示。游标卡尺由主尺和附在主尺上能滑动的游标两部分构成。主尺一般以 mm 为单位，游标上有 10、20 或 50 个分格，根据分格的不同，游标卡尺可分为 10 分度游标卡尺、20 分度游标卡尺、50 分度游标卡尺等，游标为 10 分度的有9 mm，20 分度的有 19 mm，50 分度的有 49 mm。游标

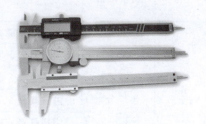

图 1-48　游标卡尺

卡尺的主尺和游标上配有两对活动量爪，分别是内测量爪和外测量爪。在自制无人机设计时，可以用它精确测量结构件的尺寸。

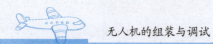

 任务实施

任务场景	四旋翼无人机拆解
任务分组	学生 4~6 人一组，按照组间同质、组内异质进行分组，并推选组长，组长明确成员分工，相互配合完成任务
实施过程	1. 各组在无人机实训室就座，准备好四旋翼无人机和相应工具、评分表。 2. 断开所有接线。 3. 使用工具拆掉螺栓。 4. 分类存放各部件。 5. 使用测量工具，判断接线是否完好，并测量各接线直径。 6. 各组相互进行评分、教师讲评
任务要求	1. 禁止暴力强拆。 2. 注意同类部件整洁、有序地放在一起，防止部件丢失。 3. 有焊接的接线，可用电烙铁热熔拆解
任务反思	1. 在个人素养提升方面有哪些收获？ 2. 在任务实施中有哪些需要提高的方面？ 3. 拆解的注意事项有哪些？

 **任务评价**

序号	评价项目	评价指标	分值	自评 30％	互评 30％	师评 40％	合计
1	职业素养（30分）	制订计划能力强，严谨认真	5				
		责任意识、服从意识强	5				
		团队合作、交流沟通、分享能力强	5				
		遵守规范	5				
		完成任务积极主动	5				
		采取多种手段收集信息、解决问题	5				

续表

序号	评价项目	评价指标	分值	自评 30%	互评 30%	师评 40%	合计
2	专业能力 （60分）	能安全、正确地使用夹持、紧固、剪切工具	15				
		能正确使用测量、电动工具	15				
		能正确使用检测工具	15				
		能正确使用焊接工具	15				
3	创新意识 （10分）	具备创新性思维和行动	10				
		合计	100				
		综合得分					

 巩固练习

1. 无人机装调时常用的夹持工具和紧固工具有哪些？

2. 风枪焊台有什么作用？在使用时要注意哪些事项？

任务四　无人机组装的材料选择

 学习目标

知识目标

1. 认识无人机的机体材料。
2. 认识无人机的电气材料。
3. 认识无人机的加固材料。

能力目标

1. 能清晰描述电气材料使用范围。
2. 能使用电烙铁、焊锡加固。

3. 能使用热熔胶加固。

4. 能正确使用热缩管。

素养目标

1. 培养团队合作、交流沟通、分享的能力。

2. 培养严谨细致、精益求精的工作态度。

3. 培养对待工作认真负责、追求卓越的品质。

 任务导入

在无人机组装中，材料的选择至关重要，需要综合考虑多方面因素。对于民用航拍应用，若对质量和便携性要求较高，则可选用碳纤维复合材料或高强度塑料。例如，采用碳纤维机身搭配塑料外壳的方案，既能保证结构强度，又能减轻整体质量，便于携带和操作。碳纤维、钛合金等材料强度高、刚度好，适合承受较大应力的部件；而泡沫材料、塑料等强度相对较低，适用于对强度要求不高的部件。在满足结构强度要求的前提下，应优先选用碳纤维、铝合金等轻质材料，以延长无人机的续航时间和提高飞行性能。在潮湿、盐雾等恶劣环境中使用的无人机，应选用耐腐蚀性的材料，如铝合金表面经过阳极氧化处理，可提高其耐腐蚀性。此外，还需考虑材料的加工难度和成本，如塑料、木材等材料易于加工且成本较低；而碳纤维、钛合金等材料加工难度大，成本较高。

 知识储备

无人机常用材料包括机体材料、电气材料和加固材料。

一、机体材料

1. 泡沫板

泡沫板多用于小型固定翼无人机，具有质量轻、制作简单、相对耐摔、容易修复等特点（图 1-49）。

2. 塑料

根据理化特性的不同，塑料可分为热固性塑料和热塑性塑料两种类型。塑料零件通过注射成型工艺可以大批量生产，因此价格低、使用方便。无人机的零部件大部分为热塑性塑料的注射件，如螺旋桨、发动机架、摇臂、接头、各种连接件、机轮等（图 1-50）。

图 1-49 泡沫板

图 1-50 塑料

3. 木材

一般木材材质较软，具有耐磨、耐腐蚀、易加工、韧性强等特点，常用于无人机的层板或模具制作等。榉木具有中等硬度和抗冲击性能，同时具有较好的剪切强度、耐磨性及蒸汽弯曲加工性能。桦木木材密度适中，力学强度高且富有弹性，主要用于制作螺旋桨、发动机架、起落架托板等部件（图 1-51）。

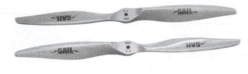

图 1-51　木材

4. 金属

（1）铝合金。采用铝合金制作的无人机零部件（如机架、机臂、起落架、固定件和连接件等）质量轻又有一定的强度。

（2）钢材。钢材可用于制作无人机的起落架、舵机连杆、螺旋桨轴等。

5. 复合材料

复合材料制造面临的一个突出问题是难以像金属构件那样获得精确的几何尺寸或构型，特别是对于大型整体化复杂复合材料结构，往往可能因为一个较小的局部结构制造变形，就可能导致大型整体化复杂结构产生很大的变形，最终不能用于部件的装配。

复合材料具有如下优点：

（1）与传统金属材料相比，复合材料具有比强度大、比刚度高、热膨胀系数小、抗疲劳性能好和抗震能力强等特点。将其应用于无人机结构设计中可以减重 25%～30%。常用的树脂基复合材料具有结构质量轻、复杂或大型结构易于成型、设计空间大、比强度高、比刚度大、热膨胀系数小等诸多优点。

（2）复合材料具有可设计性，在不改变结构质量的情况下，可根据飞机的强度和刚度要求进行优化设计；在设计制造技术上满足了大多数无人机高度翼身融合结构所需的大面积整体成型这一特点。

（3）在无人机复合材料结构设计中，主要考虑复合材料的轻质、高比强度、高比模量等特性。复合材料通常由增强材料（如碳纤维、玻璃纤维等）和基体材料（如树脂）有机结合而成。

综上所述，复合材料无人机既可以由强度支撑无人机机体架构，又能够最大程度上摆脱引力。不受重力影响的复合材料，融合了下面三种材质。

（1）碳纤维（图 1-52）：是一种含碳量在 95% 以上的高强度、高模量纤维的新型纤维材料。碳纤维"外柔内刚"，质量比金属铝轻，但强度高于钢铁，并且具有耐腐蚀性、高模量的特性。

（2）玻璃纤维（图 1-53）：是一种性能优异的无机非金属材料，种类繁多。它的优点是绝缘性好、耐热性强、耐腐蚀性好、机械强度高；缺点是性脆且耐磨性较差。

（3）树脂（图 1-54）：是一种有机聚合物，常温下

图 1-52　碳纤维

通常呈固态、半固态，有时也可以是液态。受热后，它会软化或熔融，软化时在外力作用下具有流动倾向。广义来讲，凡是可作为塑料制品加工原料的高分子化合物，均可称为树脂。

图 1-53　玻璃纤维

图 1-54　树脂

二、电气材料

1. T 型插头

大电流插头线分为 MINIT 型插头、T 型插头、TRX 型插头。其绝缘体以黑色或红色为主，导体采用黄铜材质并表面镀金，可以焊接红色与黑色硅胶线（14AWG 400/0.08 mm 铜丝），是大功率电池的理想插头。

T 型插头如图 1-55 所示，因其金属导电部分呈"一横一竖"的 T 字形结构而得名。T 字形可以防止正负极接反，成对使用，一头凸出的为公头，另一头凹进去的为母头，通常作为电源接头。

2. 香蕉插头

香蕉插头（图 1-56）简称香蕉头，是一种快速插拔的电源接头，通常成对使用。其主体采用黄铜材质，表面经过镀金处理，有效地起到了耐腐蚀、抗氧化、耐插拔的作用，并且具有优良的抛光性能，可以提高制品表面的耐磨性，一头凸出的为公头，另一头凹进去的为母头，其主要参数包括直径和允许电流，根据直径的大小有多种型号，如 2.0 mm、3.0 mm、3.5 mm、4.0 mm、5.5 mm、6.0 mm、8.0 mm。

图 1-55　T 型插头

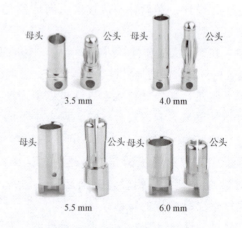

图 1-56　香蕉插头

3. XT60、XT90 插头

XT60 插头如图 1-57 所示，采用 3.5 mm 香蕉头作为内部接头，其公头连接器尺寸约为

8 mm×15.7 mm×22.7 mm。该插头额定电流为 40 A，峰值电流可达 60 A，适用于中小型无人机等设备的供电系统，能满足正常飞行和常规负载需求。由于外壳端部一侧为直边，另一侧为斜边，可有效防止正负极接反。通常成对使用于电池、电调、充电器等设备，其中凸出端为公头，凹陷端为母头。

XT90 插头在外形上与 XT60 插头相似，但尺寸更大，内部结构和金属触点更为粗壮。该插头可承受 40 A 恒定电流和 90 A 峰值电流，适合匹配高电压、大容量的电池组，能为大型设备提供充足的电力支持。

图 1-57　XT60 插头

4. EC 系列插头

EC 系列插头如图 1-58 所示，型号主要有 EC2、EC3、EC5。其中，EC2 使用 2 mm 镀金香蕉头，EC3 使用 3.5 mm 镀金香蕉头，EC5 使用 5 mm 香蕉头。

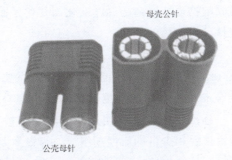

图 1-58　EC 系列插头

5. XH2.54 硅胶线平衡充插头

XH2.54 硅胶线平衡充插头如图 1-59 所示，主要用于锂电池的平衡充电，主要型号有 2S、3S、4S、5S、6S。其中，2S 电池表示两块电芯共 3 根线，包含 1 根地线，3S 电池共 4 根线，以此类推。

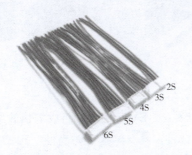

图 1-59　XH2.54 硅胶线平衡充插头

6. 线材类材料

（1）杜邦线。杜邦线是一种无须焊接即可与插针牢固连接的快速电路连接线材，如图 1-60 所示。这类线材具有多种型号，有独立一根一根的，也有多根组合在一起的，无人机常用的是 3 根组合的 3P 杜邦线，用于飞控与电调、接收机等设备的连接。

（2）AWG 硅胶线。AWG 硅胶线如图 1-61 所示，具有耐高温、线身柔软、弹性好、绝缘性能好等特点，在无人机装配中常用作主电源线。型号根据粗细来命名，型号数越大，线越细，如 26AWG（导体横截面面积对应 $0.13 \ mm^2$）、24AWG（导体横截面面积对应 $0.2 \ mm^2$）。

图 1-60　杜邦线

图 1-61　AWG 硅胶线

三、加固材料

1. 热熔胶

热熔胶如图 1-62 所示，是一种具有可塑性的无毒无味环保胶粘剂，需配合热熔胶枪使用。在一定温度范围内热熔胶的物理状态会随温度变化而变化，而化学特性保持不变。这种材料可用于塑料、电器元配件、泡沫板的粘接。

2. 焊锡

焊锡如图 1-63 所示，是在焊接电路中连接电子元器件的重要工业原材料，是一种熔点较低的焊料，主要由锡基合金制成。常用的焊锡材料有锡铅合金焊锡、加锑焊锡、加镉焊锡、加银焊锡、加铜焊锡等。标准焊接作业时使用的线状焊锡被称为松香芯焊锡线或焊锡丝。在焊锡中加入的助焊剂由松香和少量的活性剂组成。焊锡主要分为焊锡丝、焊锡条、焊锡膏三大类，适用于手工焊接、波峰焊接、回流焊接等工艺。焊锡广泛应用于电子工业、家电制造业、汽车制造业、维修业和日常生活中。焊锡的规格主要以直径来确定。

图 1-62　热熔胶

图 1-63　焊锡

3. 热缩管

热缩管是一种由特制聚烯烃（或 EVA 材质）制成的热收缩套管，如图 1-64 所示。外层采用优质、柔软的交联聚烯烃材料，具有绝缘、防腐蚀、耐磨等特点；内层涂覆热熔胶，具有低熔点、防水密封和高粘接性等优点。

4. 尼龙扎带

尼龙扎带是一种由尼龙材料制成的捆扎工具，主要用于固定和整理电线、电缆等物品，如图 1-65 所示。

图 1-64　热缩管

图 1-65　尼龙扎带

 任务实施

任务场景	四旋翼无人机复原
任务分组	学生 4～6 人一组，按照组间同质、组内异质进行分组，并推选组长，组长明确成员分工，相互配合完成任务
实施过程	1. 各组在无人机实训室就座，准备好拆解后的四旋翼无人机零件和相应工具、评分表。 2. 按图 1-27 进行组装。 3. 机架组装。 4. 飞控组装。 5. 电机组装。 6. 其他部件组装。 7. 组装结束后，相互评分、教师讲评
任务要求	1. 注意工具的使用安全。 2. 注意组装顺序
任务反思	1. 在个人素养提升方面有哪些收获？ 2. 在任务实施中有哪些需要提高的方面？ 3. 说明组装的注意事项。 4. 在安全方面要注意哪些事项？

 任务评价

序号	评价项目	评价指标	分值	自评 30%	互评 30%	师评 40%	合计
1	职业素养 （30分）	制订计划能力强，严谨认真	5				
		责任意识、服从意识强	5				
		团队合作、交流沟通、分享能力强	5				
		遵守规范	5				
		完成任务积极主动	5				
		采取多种手段收集信息、解决问题	5				
2	专业能力 （60分）	能清晰描述电气材料的使用范围	15				
		能使用电烙铁、焊锡加固	15				
		能使用热熔胶加固	15				
		能正确使用热缩管	15				
3	创新意识 （10分）	具备创新性思维和行动	10				
	合计		100				
	综合得分						

 巩固练习

1. 飞控的排线和杜邦线有什么区别？

2. 固定光流板的螺栓、螺母为什么是尼龙材质的？

3. 无人机装调时常用的胶水有哪些？各有什么功用？

4. 无人机装调时常用的紧固件有哪些？

5. 尼龙扎带、魔术贴扎带在无人机装调时各有什么功用？

任务五　无人机电池的维护

 学习目标

知识目标

1. 了解无人机电池的知识。

2. 熟悉无人机电池的使用注意事项。

3. 学会无人机电池的保养。

能力目标

1. 能清晰描述电池参数。

2. 能清晰描述电池使用注意事项。

3. 能对电池进行维护和保养。

素养目标

1. 培养严谨细致、精益求精的工作态度。

2. 培养责任意识、服从意识。

 任务导入

古之学者必有师。师者，所以传道受业解惑也。人非生而知之者，孰能无惑？惑而不从师，其为惑也，终不解矣。解释：古代求学的人必定有老师。老师，是用来传授道理、教授经典著作、解释疑难问题的。人不是一生下来就懂得道理，谁能没有疑惑？有了疑惑，如果不跟老师学习，他所存在的疑惑，就始终不能解开。

向无人机专业新生传递无人机电池的维护知识，你做好准备了吗？

 知识储备

一、无人机电池的知识

在无人机技术中，电池是至关重要的组成部分，直接影响着无人机的飞行性能和续航能力。以下是关于无人机电池的一些基本知识。

（1）锂电池类型：大多数无人机使用的是锂电池，其中最常见的类型是锂聚合物电池

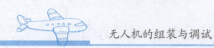

（Li-Po）和锂离子电池（Li-ion）。这两种电池都具有高能量密度和轻量化的特点，适合作为飞行器的动力源。

（2）电池容量（mA·h）：电池容量是电池存储电荷的能力的指标，单位为毫安时（mA·h）。容量越高，电池的续航能力越强，但也会增加电池的质量和体积。

（3）电池电压（V）：电池电压是指电池正负极之间的电势差，通常以伏特（V）为单位。无人机常用的电池电压为 3.7 V（单节锂电池）或 7.4 V（双节锂电池），不同的无人机可能需要不同电压的电池。

（4）充放电速率（C 率）：充放电速率是指电池在一定时间内的充放电能力，通常以倍数（C）表示。例如，一个充放电速率为 1C 的电池，可以在 1 h 内充放电 1 倍容量的电量。通常，无人机电池的充放电速率为 5C～25C。

（5）充电方式：锂电池通常需要使用专用充电器进行充电，以确保充电过程中电池能够稳定和安全地充电。充电时需要严格遵循电池厂商提供的充电规范，避免过充、过放和过度充电等情况。

（6）电池管理系统（BMS）：电池管理系统是用于监控和管理电池状态的重要组成部分。它能够监测电池的电压、温度和充放电状态，并根据需要进行保护和调节，确保电池的安全性和稳定性。

二、无人机电池的使用注意事项

（1）选购适合的电池：要根据无人机的型号和规格选购适合的电池。不同的无人机可能需要不同规格、容量和电压的电池，选购时务必注意与无人机兼容，以确保电池能够正常使用。

（2）储存电池：未使用的电池应存放在干燥、通风、避光的环境中，远离火源和高温。在长时间不使用时，建议将电池充电至 50%～60% 的电量，然后定期检查电量并补充充电，以保持电池的稳定性和健康状态。

（3）充电注意事项：使用原厂配套的充电器进行充电，避免使用不明来源的充电器，以免造成电池损坏或安全隐患。在充电过程中，要注意电池的温度，如果发现异常发热，则应立即停止充电并检查电池和充电器是否损坏。

（4）飞行前检查：在每次飞行前，务必检查电池是否有损坏、充电是否充足、接触是否良好。特别是检查电池连接线是否有磨损或断裂，以免造成飞行中的电池脱落或短路等安全问题。

（5）飞行注意事项：在飞行过程中，要及时监控电池电量，并预留足够的电量用于返航。避免将电池放置在高温环境中，以免影响电池性能和寿命。另外，避免频繁的高负荷飞行，以免造成电池过度放电和损坏。

（6）定期维护：定期检查电池的外观和连接线是否损坏，如果发现异常情况，则应及时更换或修复。同时，定期进行电池的平衡充电，确保各组电芯的电压保持一致，以延长电池的使用寿命。

（7）处理废弃电池：废弃的电池应按照规定的方式进行处理，不要随意丢弃或进行拆解，以免对环境和人身安全造成伤害。可以将废弃电池交给专业的回收机构或进行专门的处理。

三、无人机电池的保养

在电池保养中，正确使用是延长电池寿命的最好方法，在电池的使用上要坚持六个"不"原则。

1. 不过放

电池的放电曲线表明，初始放电阶段电压下降较快，但当电压降到 3.7～3.9 V 时，下降开始变慢。然而，一旦电压降至 3.7 V 以下，下降速度就会加快，控制不好就会导致过放，轻则损伤电池，重则因电压过低造成炸机事故。有些无人机飞行人员因电池较少，常常过度放电，这会大幅缩短电池寿命。正确的策略是，尽量少飞 1 min，以延长一个循环寿命，也不要每次把电池耗到超过容量极限。建议多备两块电池，并充分利用电池报警器，一旦接收到报警信号，就应尽快降落。

2. 不过充

使用专用充电器为锂电池充电时，建议选择锂离子充电器或锂聚合物专用充电器，两者对电池的影响较为接近；要准确设置电池组的单体电池个数。在充电的前几分钟必须仔细观察充电器显示屏上显示的电池组串数（单体电池个数）。对于新使用的锂电池组，应检查每个单体电池的电压，以后每十次充放电应做同样的工作。尽管电池个数选择正确，若电池组电压不平衡，仍会爆裂。若单体电压差超过 0.2 V，就应当分别将电池充电到 4.2 V 使之相等；若每次放电后单体电压差均超过 0.2 V，则表示电池已经出现故障，应当更换。充电时，应将电池和充电器放置在安全的位置，并确保有人照看。若没有厂家特别说明，一般充电电流不要超过 1C。

3. 不满电保存

电池在满电情况下保存不能超过 3 天。若持续满电保存超过一个星期，可能会引起电池鼓包。即使暂时未出现鼓包，但经过几次满电保存后，电池也可能直接报废。

正确的保存方式是，在接到飞行任务后再充电。电池使用后，若在 3 天内没有飞行任务，需将单片电压充至 3.80～3.90 V 保存。若电池充满后因各种原因没有飞，也需在充满后 3 天内把电池放电到 3.80～3.90 V 保存。若 3 个月内没有使用电池，需将电池充放电一次后继续保存，这样可延长电池寿命。同时，电池应储存在阴凉、干燥、无腐蚀性气体的环境中，建议环境温度为 10～25 ℃。长期存放电池时，最好能将电池放在密封袋或防爆箱内保存。

4. 不损坏包装

电池的外包装是防止爆炸和漏液起火的重要结构。锂聚合物电池的铝塑膜破损将直接导致起火或爆炸。因此电池要轻拿轻放。在飞机上固定电池时，扎带要尽可能束紧。因为有可能在做大动态飞行或摔机时，电池会因为扎带不紧而甩出，易造成电池外包装破损。

5. 不短路

锂电池短路会直接导致打火、起火、冒烟。当使用过一段时间的电池出现断线需要重新焊接时，需要特别注意的是电烙铁不要同时接触电池的正极和负极。另外，在运输电池的过程中，最好的办法是将每块电池都单独套上自封袋并置于防爆箱内，防止运输过程中因颠簸和碰撞，某片电池的正极和负极同时碰到其他导电物质而造成短路。

6. 不低温

众多无人机飞行人员会忽视这个原则，在北方或高海拔地区常有低温天气出现，如果电池长时间在外放置，其放电性能会大大降低，不能按照常温状态下的续航时间来安排飞行任务；在低温天气飞行时，应将报警电压升高（如单体电池的报警电压调至 3.8 V），因为在低温环境下压降会非常快，报警一响可立即降落。同时需要给电池做保温处理，在起飞之前将电池保存在温暖环境下，如室内、车内、保温箱内等。在起飞前快速安装电池，并立即执行飞行任务。在低温飞行时尽量将飞行时间安排缩短到常温状态的一半，以保证安全飞行。

 任务实施

任务场景	锂电池的充放电
任务分组	学生4～6人一组，按照组间同质、组内异质进行分组，并推选组长，组长明确成员分工，相互配合完成任务
实施过程	1. 四旋翼无人机电池安装好，解锁，悬停，把锂电池电量耗尽。 2. 使用锂电池平衡充电器前，需要将充电器连接到电源和电池组上。连接电源时，需要按照充电器说明书上的电源要求进行操作，以避免损坏充电器。 3. 连接好电源和电池组后，需要将电压设置到合适的范围内。不同规格的电池组，电压设置也会有所不同，用户需要仔细阅读充电器说明书中的电压设置部分，并按照说明进行设置。 4. 完成电压设置后，按下充电器上的开始充电按钮，充电器就开始工作了。在充电的过程中，充电器会进行电压和电流的自动调整，以实现对电池组的平衡充电。 5. 在充电的过程中，要注意观察电池组的充电状态。当充电器显示充电完成时，需要及时停止充电，并将充电器从电源和电池组上拔掉。 6. 使用锂电池平衡充电器，需要定期进行保养和维护。首先，需要对充电器进行清洁，避免灰尘和杂物对充电器造成损害。其次，需要遵循充电器说明书中的安全用电规范，以免出现过电流、过电压等异常情况
任务要求	1. 充电过程中全程有人看护。 2. 注意充电电压的设置，防止过充
任务反思	1. 在个人素养提升方面有哪些收获？ 2. 在任务实施中有哪些需要提高的方面？ 3. 锂电池充电的注意事项有哪些？

任务评价

序号	评价项目	评价指标	分值	自评 30%	互评 30%	师评 40%	合计
1	职业素养（30分）	制订计划能力强，严谨认真	5				
		责任意识、服从意识强	5				
		团队合作、交流沟通、分享能力强	5				
		遵守规范	5				
		完成任务积极主动	5				
		采取多种手段收集信息、解决问题	5				
2	专业能力（60分）	能清晰描述电池参数	15				
		能清晰描述电池使用注意事项	15				
		能对无人机电池进行充电	15				
		能准确地描述无人机电池的保养方法	15				
3	创新意识（10分）	具有创新性思维和行动	10				
合计			100				
综合得分							

 巩固练习

1. 一般锂聚合物电池上都有2组线：1组是输出线（粗，红、黑各1根），1组是单节锂电池引出线（细，与S数有关），用以监视平衡充电时的单体电压。下面说法正确的是（　　　）。

A. 6S 电池有 5 根红色引出线、1 根黑色引出线

B. 6S 电池有 7 根引出线

C. 6S 电池有 6 根引出线

2. 目前电动无人机主要使用（　　　）。

A. 镍氢电池　　　　　　B. 锂电池　　　　　　C. 铅酸电池

3. 常用多旋翼无人机动力电池为 Li-Po 电池，关于锂聚合物电池说法正确的是（　　　）。

A. 单片电芯满电电压为 4.6 V　　　　B. 单片电芯满电电压为 4.2 V

C. 单片电芯安全存储电压为 3.8～3.9 V　　　　D. 单片电芯标称电压为 3.7 V

4. 描述锂聚合物电池性能指标的参数包括（　　　）。

A. S 串联，P 并联　　　　　　B. 电池容量 mA·h

C. 放电倍率 C　　　　　　D. 电芯内阻 mΩ

5. 无人机用锂聚合物电池电量测量时一般主要测量（　　　）参数。

A. 电池总的电压　　　　　　B. 单片电芯的电压

C. 单片电芯的内阻   D. 电池剩余电量百分比

6. 常见无人机锂聚合物电池充电器充电模式可分为（   ）。

A. 并行式平衡充电器   B. 串行式平衡充电器

C. 快速充电器   D. 慢速充电器

7. 常见电动无人机动力电池充电模式有（   ）。

A. 快充模式   B. 平衡充电模式

C. 安全存储模式   D. 放电模式

8. 民用无人机常用电池种类有（   ）。

A. Li-Po   B. Ni-MH   C. Li-Fe   D. Ni-Ge

任务六　无人机遥控器的配置

 ## 学习目标

知识目标

1. 熟悉无人机遥控器的基本功能。

2. 了解无人机遥控器的调试方法。

能力目标

1. 能区分美国手与日本手。

2. 能对遥控器进行校准。

3. 能对无人机和遥控器进行对频操作。

素养目标

1. 养成对待工作认真负责、追求卓越的品质。

2. 培养严谨细致、精益求精的工作态度。

3. 培养团队合作、交流沟通、分享能力。

4. 养成遵守行业规范、现场管理的习惯。

 ## 任务导入

    F450 无人机已经组装完毕，那么怎样用遥控器来控制无人机？首先来学习无人机遥控器的基本知识，逐步学习，你也能成为专业高手。

 ## 知识储备

一、遥控器简介

    无人机遥控器是一种无线设备，通过它来远程控制无人机的飞行。遥控器通常包括一个或多个摇杆，用于控制无人机的各种动作，如起飞、降落、前进、后退、左转、右转和悬停等。遥控器通常还配备各种按钮和开关，用于执行特定任务，如拍照、录像等。

　　遥控器上油门的位置在右边的是日本手（图 1-66），在左边的是美国手（图 1-67）。所谓遥控器油门，在四轴飞行器当中控制供电电流大小，电流大，电动机转得快，飞得高、力量大；反之同理。判断遥控器的油门很简单，遥控器 2 个摇杆当中，上下扳动后不能自动回到中间的那个就是油门摇杆。

图 1-66　日本手

图 1-67　美国手

　　常用遥控器品牌主要有 FUTABA（图 1-68）、WFLY（图 1-69）、乐迪（图 1-70）、睿思凯（图 1-71）、富斯（图 1-72）等。

图 1-68　FUTABA

图 1-69　WFLY（天地飞）

图 1-70　乐迪

图 1-71　睿思凯

图 1-72　富斯

二、遥控器的基本功能

1. 遥控信号传输

遥控器通过无线信号将指令传输到无人机上，实现对无人机的控制。这一功能是遥控器最基本的功能，也是无人机能够实现远程操控的关键。

2. 飞行模式切换

遥控器通常会配备多种飞行模式，如手动模式、自动悬停模式、返航模式等。通过遥控器上的按钮或开关，可以切换不同的飞行模式，以适应不同的飞行需求。

3. 操纵杆控制

遥控器上的操纵杆通常包括油门杆（也称油门摇杆）、方向杆和倾斜杆。油门杆用于控制无人机的升降，方向杆用于控制无人机的转向，倾斜杆用于控制无人机的俯仰和翻滚。通过对这些操纵杆的操作，可以实现对无人机的精确操控。

摇杆是无人机遥控器的重要组成部分，用于控制无人机的飞行方向和速度。

三、遥控器的调试方法

1. 遥控器与无人机的绑定

在使用新的遥控器时，首先需要将遥控器与无人机进行绑定。具体的绑定方法可以参考无人机和遥控器的使用说明书。一般来说，绑定的步骤比较简单，只需要按下遥控器和无人机上的绑定按钮，并等待绑定成功的提示信号即可。

2. 遥控器信号校准

为了确保遥控器的信号能够准确地传输到无人机上，需要进行信号校准。校准的方法也可以在使用说明书中找到。一般来说，校准的步骤包括将遥控器的各个操纵杆和开关置于中立位置，并按下校准按钮。校准成功后，遥控器的信号传输将更加准确、可靠。

3. 飞行模式设置

根据不同的飞行需求，需要设置适合的飞行模式。一般来说，手动模式适用于专业飞行员，自动悬停模式适用于需要稳定飞行的情况，返航模式适用于需要无人机返回起飞点的情况。在设置飞行模式时，需要注意遥控器上的指示灯，以确定设置是否成功。

4. 遥控器参数调整

有些遥控器还提供了参数调整的功能，可以根据个人需求进行调整。例如，油门曲线的调整可以改变无人机的升降速度，敏感度的调整可以改变无人机的操控灵敏度。通过调整这些参数，可以使无人机的飞行更加适应个人的操作习惯。

5. 通道设置与切换

通道就是可用遥控器控制的动作路数，如果遥控器只能控制四轴上下飞，那么是 1 个通道。四轴在控制过程中需要控制的动作路数有上下、左右、前后、旋转，所以最低需要 4 通道遥控器。如果要航拍，就需要更多通道的遥控器了。通道设置是配置遥控器的重要环节，决定了无人机的动作与遥控器指令的对应关系。以下是通道设置与切换的步骤。

（1）打开遥控器，进入通道设置模式。

（2）根据需要设置各个通道的功能，如飞行方向、拍照、录像等。

（3）切换通道：在遥控器上按下相应的通道按钮，即可切换至该通道的控制。

6. 发射机与接收机配对

在初次使用遥控器时，需要将发射机与接收机进行配对，以确保遥控器能够控制无人机。以下是配对的步骤。

（1）打开发射机和接收机，进入配对模式。

（2）在遥控器上按下相应的配对按钮，待接收机上的配对指示灯亮起。

（3）完成配对后，接收机上的指示灯将熄灭，表示配对成功。

7. 发射机电源与频道选择

发射机是无人机的控制核心，需要选择合适的电源和频道以保证无人机的正常工作。以下是发射机电源与频道选择的步骤。

（1）根据无人机电池容量选择合适的发射机电量挡位。

（2）选择合适的频道，避免与其他遥控器或信号干扰源产生冲突。

（3）将无人机与发射机连接，确保无人机能够接收到遥控信号并正常工作。

无人机遥控器是控制无人机飞行的关键设备。它的功能和性能直接影响到无人机的性能和安全性。因此，在使用无人机时，应熟练掌握遥控器的基本操作和设置方法，以确保无人机的正常工作和安全飞行。

 任务实施

任务场景	遥控器校准
任务分组	学生 4～6 人一组，按照组间同质、组内异质进行分组，并推选组长，组长明确成员分工，相互配合完成任务
实施过程	1. 遥控器与接收机进行对码。将对码线连接在接收机的 B/NCC 通道处，按住遥控器左下角的黑色对码按钮不放，按下 POWER 键，出现连接成功的提示。 2. 设置遥控器。长按遥控器的 OK 按钮，进入系统界面，选择 RXSetup 界面，再选择 PPM Output，将其设置为 ON 状态。 3. 校准遥控器。点击 Mission Planner 软件左侧栏"遥控器校准"，点击右侧"校准遥控"，将遥控器的摇杆按逆时针方向从最远处开始旋转几圈，得到摇杆的最大值和最小值。校准结束后，点击"完成"按钮
任务要求	1. 熟记常见遥控器的接收机通道及定义，如图 1-73 所示。 回传接口 CH1通道（副翼） CH2通道（升降舵） CH3通道（油门） CH4通道（方向舵） CH5通道（备用） CH6通道（备用） CH7通道（备用） CH8通道（备用） R9D 此横排插针为VCC接口 此横排插针为GND接口 CH9通道　VCC接口　GND接口 （a）　　　　　（b） **图 1-73　遥控器的接收机通道** （a）通道接口；（b）电源接口

任务要求	2. 结合调参软件中的"遥控器设置"，先进行"遥控器校准"，然后向上推"油门和俯仰杆"，观察滑块是否向"右"方移动，如果向"左"方偏移，则要把该通道设成"相反"（图1-74）。另外，推动摇杆移向最大行程，观察滑块是否移动到两端，如果达不到，则再次进行校准 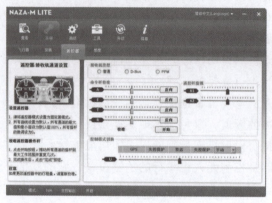 图 1-74　遥控器校准
任务反思	1. 在个人素养提升方面有哪些收获？ 2. 在任务实施中有哪些需要提高的方面？ 3. 如何判别遥控器校准是否成功？

 任务评价

序号	评价项目	评价指标	分值	自评 30%	互评 30%	师评 40%	合计
1	职业素养 （30分）	制订计划能力强，严谨认真	5				
		责任意识、服从意识强	5				
		团队合作、交流沟通、分享能力强	5				
		遵守规范	5				
		完成任务积极主动	5				
		采取多种手段收集信息、解决问题	5				

续表

序号	评价项目	评价指标	分值	自评 30%	互评 30%	师评 40%	合计
2	专业能力 （60分）	能区分美国手与日本手	15				
		能对遥控器进行校准	15				
		能对无人机和遥控器进行对频操作	15				
		能准确地描述自己的优缺点，正视差距所在	15				
3	创新意识 （10分）	具有创新性思维和行动	10				
合计			100				
综合得分							

 巩固练习

1. 下列选项（　　）不是检查遥控器的操作。

A. 确认遥控器天线处于交叉状态　　　　　B. 检查摇杆安装是否牢固

C. 确认遥控器摇杆　　　　　　　　　　　D. 检查遥控器电量

2. 描述一个多轴无人机地面遥控发射机是"美国手"，是指（　　）。

A. 右手上下动作控制油门或高度　　　　　B. 左手上下动作控制油门或高度

C. 左手左右动作控制油门或高度　　　　　D. 左手上下动作控制油门或前后

3. 关于遥控器天线，下面描述错误的是（　　）。

A. 每次飞行时，都应展开天线

B. 远离摇杆的天线尖端朝向，不应指向飞行器

C. 天线展开后，应平行于飞行器

D. 远离摇杆的天线尖端朝向，应指向飞行器

4. 在自主飞行过程中，下列有关遥控器油门位置的说法正确的是（　　）。

A. 油门处于最下方　　　　　　　　　　　B. 油门处于最上方

C. 油门处于中间略上　　　　　　　　　　D. 油门处于中间位置

5. 以下功能选项，在手动遥控飞行时，可以改变各通道的操作灵敏度的是（　　）。

A. 微调比例　　　　B. 行程比例　　　　C. 通道速度　　　　D. 通道反向

6. 多轴飞行时地面人员手里拿的"控"指的是（　　）。

A. 地面遥控发射机　　　　　　　　　　　B. 导航飞控系统

C. 链路系统　　　　　　　　　　　　　　D. 地面站系统

7. 多轴飞行器的遥控器一般有（　　）。

A. 2个通道　　　　　　　　　　　　　　B. 3个通道

C. 4个及以上通道　　　　　　　　　　　D. 6各通道

8. 以某疆产品为例，操作员打开遥控器时，遥控器发出警告提示音，以及指示灯为红灯慢闪时，提示的是（   ）。

A. 遥控器需要进行摇杆校准　　　　　　B. 遥控器天线未打开

C. 遥控器未与飞行器连接　　　　　　　D. 指南针异常

9. 以某疆产品为例，飞行器与遥控器电源开启方式为（   ）。

A. 短按　　　　　　B. 长按　　　　　　C. 短按，再长按　　　　D. 短按两次

任务七　无人机的检修与保养

 ## 学习目标

知识目标

1. 熟悉无人机的检修工作内容。

2. 掌握无人机的保养项目。

3. 学会无人机的预防性维修内容。

能力目标

1. 能清晰描述无人机保养的内容。

2. 能对无人机进行飞行前预防性维修和检查。

3. 能对无人机进行飞行后检查和保养。

素养目标

1. 培养严谨细致、精益求精的工作态度。

2. 培养遵守操作规范的习惯。

3. 培养认真负责、追求卓越的品质。

 ## 任务导入

对组装好的 F450 无人机进行试飞前后，要进行无人机的检修与保养，飞手需要了解无人机的检修与保养包含哪些内容。

 ## 知识储备

一、无人机检修工作

无人机检修是无人机检查维修的简称，是指为使无人机保持和恢复到规定状态所进行的检查、维护、修理和管理工作的统称，包括养护、修理、改装、大修、检查及状态确定等。大部分情况下，检查、维护和修理不能决然分开，检查和维护过程往往伴随着必要的修理，

修理过程必然伴随着检查维护，统称为检修。

　　检修作业主要由保养、预防性维修和修复性维修等工作组成。保养是指为保持无人机固有的设计性能而进行的表面清洗、擦拭、通风、添加油液或润滑剂、充气等工作；预防性维修是指对无人机进行系统性检查、设备测试和更换设备等以防止功能故障发生，使其保持在规定状态所进行的全部活动；修复性维修是指无人机发生故障后，使其恢复到规定状态所进行的全部活动。

　　无人机必须注意日常保养，才可以大幅延长使用寿命，飞行也会更加安全。柔软的小清洁刷用于清除可能陷入无人机缝隙中的沙尘，可以用清管器代替；气瓶或气球可以用于清除无人机"敏感部位"的尘垢，如电机或电路板旁边的尘垢，不会损坏无人机；异丙醇可以去除污垢、草渍、血液等各种顽渍，不会损坏电路；柔软布料可以和异丙醇协同工作；在放飞无人机之前一定要携带一瓶三合一多用途润滑剂，以供临时需要。水、雨、沙尘等作为对无人机影响最大的自然杀手，对无人机具有很大的"杀伤力"。虽然无人机不会遇水即坏，但一般无人机产品目前还不具备防水功能，若不及时对无人机进行清理、保养，日积月累会产生严重的影响。

二、无人机保养

1. 机身保养

　　飞行前后应检查飞机机身螺钉、螺栓等是否出现松动，机身结构上飞机机臂是否出现裂痕破损，若有裂痕，尽量更换或寄回厂家进行检测维修；检查减震球是否老化（减震球外层变硬或开裂），如果减震球老化，应及时更换，避免影响航拍效果；检查 GPS 上方以每个起落架的天线位置是否有影响信号的物体（如带导电介质的贴纸等）；检查可变形系统机架结构，形变组件在变形过程中是否正常顺滑，影响其变形的污染异物需要及时清理，组件若有损伤，请及时返修。

　　无人机在使用过程中应尽量避免在沙土、碎石等小颗粒众多的环境下起飞。如果确需起飞，则应在此次飞行之后尽快清洁无人机，以减轻颗粒对机身及机体内部腐蚀。不建议在雨雪天气或雾气较大的天气使用无人机，若无法避免，在使用完毕后，立即断电擦干，经过风干或将无人机放到防潮箱吸潮，检查确认湿气除净后方可再次使用。

2. 电机保养

　　使用前后应及时清洁电机，即清除电机机座外部的灰尘、淤泥等杂质，如果使用环境复杂、恶劣，最好每次飞行前后均进行清洁；同时检查和清擦电机接线处接线盒的接线螺钉是否松动、烧伤；检查各固定部分螺钉、螺栓及电机上各部件是否完备，检查到的松动螺母应及时拧紧；检查电机转动是否正常，可用手转动转轴检查是否灵活，有无非正常的摩擦、卡涩、窜轴或异常响声等情况，若通电之后，某个电机不转或转速很低，或者有异常响声，应立即断电重新检查，若通电时间较长，极有可能烧毁电机，甚至损坏控制电路。

3. 螺旋桨保养

　　螺旋桨是无人机快速消耗设备之一，在日常飞行过程中，更应该多加注意。每一次飞行前后都应该检查桨叶外观是否有弯折、破损、裂缝等，有问题的螺旋桨必须及时更换。

4. 云台相机保养

　　云台相机在使用一段时间后，建议及时检查排线是否正常连接；金属接触点是否氧化或污损（可用橡皮擦清洁），云台快拆部分是否松动，风扇噪声是否正常；同时要注意不要用手直接触摸相机镜片，被污染后可用软布蘸镜头清洁剂轻轻擦去污渍，检查完成后系统通电，检查云台电机运转是否正常。

5. 遥控器保养

注意不要在潮湿、高温的环境下使用或放置遥控器，否则很容易使遥控器的内部元件损坏，或者加速遥控器内部元件的老化，同时也会造成外壳变形；要避免让遥控器受到强烈的震动或从高处跌落，以免影响内部构件；注意检查遥控器天线是否有损伤，遥控器的挂带是否牢固，以及与航拍器连接是否正常，如果遇到不能解决的情况，请及时联系售后处理；在使用或存放过程中，尽量不要"弹杆"；需要检查遥控器的各个接口处是否有异物或接触不良的情况；同时注意遥控器的电量。

6. 无人机存放

（1）防水。无人机属于精密电子产品，水汽一旦渗入内部，会腐蚀内部电子元器件。在潮湿天气中飞行后，除进行简单擦拭外，还要做好干燥除湿保养。可以将无人机置于电子防潮箱中或将无人机与干燥剂一同置于密封箱中进行干燥保养。

（2）防尘。沙尘对无人机的影响也非常大，尤其是电机等设备，尽量避免从沙土或碎石地面起飞。多尘环境下飞行后，应对无人机进行及时清理。

（3）远离磁性物体。无人机处于强磁场会造成指南针（罗盘）异常，当长时间存放保存时，应使无人机远离强磁场，否则会造成不可逆转性的偏移等，导致再次使用时无法正常起飞；机身和电池宜拆分开存放。

三、预防性维修

预防性维修的内容包括调整、润滑、定期检查等，主要使用于故障后果会危及飞行设备安全、影响任务完成或造成较大经济损失的产品。

预防性维修的目的是降低产品失效的概率或防止功能退化。按预定的时间间隔或按规定的准则实施维修，通常包括保养、操作人员监控、使用检查、功能检测、定时拆修和定时报废等工作。

（1）日常检查。要求必须对无人机执行可靠的检查，在任何故障校正需要的检查期间必须维持无人机的适航性。

（2）定期检查。要求所有的民用无人机按照特定的时间间隔来确定总体运行状态。无人机的运行类型不同，检查频率也不同，部分无人机每12个月至少需要检查一次，而其他无人机一般要求的检查频率是每运行100 h检查一次。在特定情况下，可按照一定的检查制度来进行检查，该制度可基于日历时间、服务时间、系统运行次数等制定。所有检查都应该遵守制造商的最新维护手册，包括检查间隔、部件替换和适用于无人机寿命的有限条款，以及连续适航性的说明。

（3）年度检查。民用无人机系统要求至少一年检查一次。检查应该由经认证且持有检查授权的专业人员执行，或由制造商检查，或由经认证和评估的维修站执行。年度检查应在运行前12个月内完成，否则无人机将不能运行。

1. 无人机飞行前预防性维修和检查

飞行前检查是一个彻底的和系统的检查方法，通过此项检查，无人机驾驶员可以确定无人机是否适航和处于安全运行状态。

（1）检查螺旋桨桨叶外观是否有弯折、破损、裂缝、缺口等直接影响飞行稳定性的问题。若有出现此类问题的螺旋桨，请立即弃用。起飞前检查螺旋桨是否按顺序固定好。

（2）检查电机轴承是否有磨损、震动，电机壳是否变形，固定的螺钉是否稳固。如果发现问题，请及时联系售后进行处理。

（3）IMU（惯性测量单元）一般也需要检查，必要时应该校准。首先一定要将飞机放在水平面上，然后开启飞机和遥控器，遥控器连接移动设备之后，打开飞控按照"参数设置"→"高级设置"→"传感器状态"→"校准传感器"路径完成校准。

（4）检查遥控器天线、挂带，以及与航拍器的连接是否正常。

（5）除使用时可将云台保护罩取下来，其余时候都请务必把云台保护罩扣上。在连续使用无人机后，要观察上电时云台自检过程是否流畅、正常。要注意相机镜片不要用手直接触摸，若有污损，则可用镜头专用清洁剂清洗。

（6）对于航拍器的视觉定位系统，主要检查镜头是否有污损或异物，可用吹风枪等气吹器材及时清理。

（7）检查起落架和形变结构是否正常。

（8）检查飞机机身螺钉、螺栓等是否出现松动，飞机机臂是否正常，若有问题，则应及时寄回厂家检测维修。

（9）观察电池外壳是否有破损或变形鼓胀，若电池受损严重，应停止使用电池且立刻将其进行报废处理，不要拆解电池；然后查看电池电源连接器内部的金属片破损情况，如果金属片表面烧损比较严重，建议更换电池。

2. 无人机飞行后检查和保养

每次飞行后都应该对飞行器进行全面、细致的检查，及时发现并处理隐患。

无人机飞行结束，操纵者都应对无人机（桨叶、机架、电机、电调）使用软布做保养擦拭。如果是电动无人机，可选用质地柔软的除尘毛巾擦拭浮灰；如果是油动航拍无人机，则应先用浓度较高的酒精喷涂在机体表面稀释油污，然后用除尘毛巾反复多次擦拭干净。如不及时清理飞机表面的油污，则容易造成机体的腐蚀。

每次使用后仔细检查飞机上使用的桨是否有裂纹和断折迹象，电机是否保持水平状态，以及所使用的电池表面有无孔洞和被尖锐东西刺穿的现象，若出现上述现象，应及时进行修复和更换。清洗和检查完成后，将各个螺旋桨用桨套固定在飞机上，然后将整机放置在不易碰撞的地方保管，以便下次作业时使用。

应尽量将无人机置于干燥环境中，最好将其放在水平托架上，或在机体内部放一些成品干燥剂。干燥的外部环境可以保证无人机不会因长时间放置产生变形。

由于目前市面上在售的无人机，其表面涂装均采用了喷漆工艺，因此需要定期涂蜡保护，使漆面形成一层保护膜，隔绝、保护涂装漆面。

（1）定期维护。无人机是一种重复使用的工具。在多次使用后，一些重要设备容易出现问题。

定期做好飞机各个部件的检查，使飞行更加安全、可靠，减小"炸"机概率，对无人机飞机结构的定期检查主要有以下几个方面：

①机体、机翼和水平尾翼的连接是否紧密。舵面铰链、摇臂连杆、舵角和起落架是否能

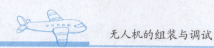

正常工作。连接部分由于经常拆装和震动冲击，容易老化损坏。飞行器在长期飞行过程中，由于飞行载荷大、飞行震动强，部件间一些用于粘接的胶质部分易氧化并出现皲裂情况。这些问题会严重危及飞行安全，造成坠机事故。

②检查飞机的动力。飞行器的动力可分为油动动力和电动动力。若采用油动动力，则要对发动机零部件进行定期保养和更换；若采用电动动力，则必须定期检查电机轴承和运转部件间隙，必要时为电机除尘、更换润滑脂。接收机中的电池必须定期充放电，长期不用时必须正确存储，可在常温环境下存储，以延长其使用寿命。定期校准：电池每隔大约 3 个月或经过约 30 次充放电后，需要进行一次完整的充电和放电，以保证电池的最佳工作状态。

③检查飞机的电子设备。舵机是控制无人机飞行舵面的重要零件，一旦出现"扫齿"问题，很容易"摔"机。经历了一定数量的飞行起落后，要及时清洗并检查舵机内部齿轮的情况，如果发现"扫齿"的齿轮，必须及时更换。油动模型飞机震动大，需要定期更换舵机齿轮和润滑脂，或直接更换新舵机。检查从舵机上接出的延长线及各个接头处的插头，最好能做到定期更换。因为插头长期在空气中容易被氧化，会导致电子设备接触不良，甚至引起坠机事故。

④检查飞机的控制系统。飞行器的飞行控制系统主要包括遥控器和接收机。在平时的检查和维护中，除了注意擦拭和保养外，还应注意遥控器的维护和清理。由于长期处于室外飞行，遥控器的摇杆部位很容易进入灰尘，或者产生磨损，因此要轻拿轻放、经常擦拭。目前无人机上用得最多的是 2.4G 接收设备，检查时要着重观察接收机上的天线有无断裂，并定期按照遥控器说明书进行地面拉距测试。

（2）保障与支持设备。无人机系统保障与支持设备中的很多设备是在一线使用的，即必须随装携带，能够即刻提供保障支持。另外，一些保障与支持设备不需要即刻使用，可以存放在基地。

保障与支持设备包括操作与维修手册、消耗品、可更换部件、易损件、视情更换部件、专用工具、辅助设备等。

3. 修复性维修

无人机修复性维修包括故障定位、故障隔离、分解、更换、再装、调准及检测等维修工作类型。修复性维修是指在操作人员或维修人员发现异常和故障后，或者产品的状态监控表明其技术已不能或接近不能正常工作时，将其规定功能恢复到规定状态所进行的一系列基本的维修作业。其维修内容和时机不能事先作出确切安排，因而也称非计划维修。

维修工作的目的是有效排除故障，只有故障产生、装备失效才能进行修复性维修工作，即故障模式决定着故障的判异。基层级一般从事比较简单的维修工作，多数为外场可更换单元（Line Replaceable Unit，LRU）的更换维修，而中继级或基地级则可对 LRU 直接维修。

（1）螺旋桨故障。若无人机的螺旋桨动平衡有问题，加油门时无人机可能会侧偏和后退。因为螺旋桨是在空气中工作的，自身的桨叶会受到涡流的影响而变得不稳定，所以在有条件的情况下需要更换新的螺旋桨。

（2）GPS故障。无人机在飞行的过程中不动任何操纵杆的情况下，飞机就出现自己顺时针或逆时针环圈的现象，或者在飞行前不能起飞，亦或者在飞行过程中出现飞机不能定点悬停的情况。若不考虑其他硬件问题，则可以确定是飞机的 GPS 出现了问题。如果无人机没有搜到足够起飞的卫星数量，则可能是因为 GPS 天线被屏蔽或被附近的电磁场干扰。

（3）无人机接收不到地面站数据。若出现接收不到地面站数据的情况，则应检查连线接头是否松动或断开连接，地面站的连接按钮、串口是否设置正确，串口波特率是否设置正确，地面站与飞机的数传频道设置是否一致，飞机上的 GPS 数据是否送入飞控，任何一个环节出问题都会导致无法通信，应检查无误后重新连接。

（4）无人机飞行或悬停时机体晃动。检查电机安装角度，动力不是很足的情况下，电机的安装角度稍微有点偏差就很容易出现机体晃动，或者机臂未完全打开，也会出现这样的情况。

（5）无人机起飞倾斜。检查加速度计、陀螺仪、电机安装角度、电机转速、遥控器通道值、螺旋桨的转向等。

（6）防电打火头维修。无人机多次飞行后会导致接头的防电打火头松动或脱落。在防电打火头缺失的情况下，飞机加电瞬间会发生剧烈的打火，威胁到人身安全和电子器件安全。因此防电打火头一旦损坏，需要及时维修或更换，以保证安全。

防电打火头维修步骤如下：

①取出防电打火头。防电打火头一般脱落在护套内的接头里，需要旋开接头护套，取下紧固环，用细镊子将防电打火头夹取出来，如图 1-75 所示。

②粘合。选用强力粘合剂涂抹在断裂处，胶水不宜涂抹过多，避免胶水流到其他部分上造成短路或其他使用故障；胶水也不宜涂抹过少，造成粘合不紧密，容易再次断裂。

③测量电阻。用万用表测量粘合后飞机防电打火头和接头外壁之间的电阻值，阻值必须保证在（6±0.5）Ω 的区间内。测量防电打火头电阻如图 1-76 所示。如果阻值不在限值范围内，说明粘合不紧密，或者是粘合造成其他部分之间存在局部短路的情况，需要取下防电打火头重新粘合。如图 1-76 所示，3 次测量的阻值均在限值范围内。

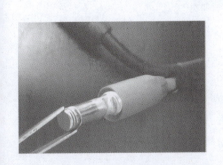

图 1-75　防电打火头　　　　　　　　图 1-76　测量阻值

④风干。防电打火头粘合后，需要在常温下风干 24 h。风干后需要再次检测防电打火头的电阻阻值，符合要求后才可以正常使用；否则需要取下重新粘合。

（7）电机连接座、电机更换。无人机的电机提供飞行动力，连接电机与飞机机臂的电机连接座是飞机重要的承力部件，这两者一旦发现有损坏或裂痕，必须立即进行维修或更换。

维修步骤如下：

①卸下螺旋桨、起落架和机臂。

②拧下电机与电机连接座之间的螺钉和电机连接座的紧固螺钉，如图 1-77 所示。

图 1-77　拆卸电机

③断开电机与电子调速器之间的 3 条连接线，并注意连接顺序。电机有黑、红、黄 3 条连接线，3 条连接线按照颜色一一对应与电调 3 条线连接的是逆时针旋转。电机黑线与电调黑线连接，电机红线、黄线与电调的红线和黄线交叉连接，则是顺时针旋转，该规律广泛适用于多旋翼无人机的电机连接线，如图 1-78 所示。

④更换电机、电机连接座。安装电机连接座，再把电机线从连接座处送入，沿着飞机机臂送到机臂另一端，并按照之前标记的顺序连接线头，再用绝缘胶带进行紧固；最后安装电机，拧紧螺栓。

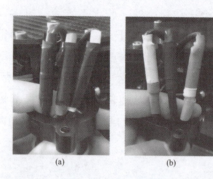

（a）　　　　　　　　　（b）

图 1-78　电机连接线

（a）逆转电机接线；（b）顺转电机接线

⑤安装螺旋桨。将飞机放置在水平地面上，确保机身处于水平状态。如图 1-79 所示，将水平尺放在电机平面上进行电机调平操作。如果发现电机一侧的机身未达到绝对水平，则需调整该方向电机至与机身水平尺一致；如果因机身结构损坏导致无法调平，则需将飞机整体返厂更换机架。

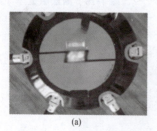
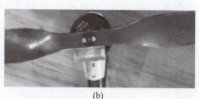

（a）　　　　　　　　　　　（b）

图 1-79　飞机机身水平测试调整电机水平

（a）飞机机身水平测试；（b）调整电机水平

　　⑥调试完毕后，紧固所有螺钉，进行飞机通电检测。通电后启动电机，观察螺旋桨旋转状态，确认各螺旋桨旋转方向是否正确，检查各螺旋桨的旋转是否共面。低高度试飞，控制飞机在距离地面 3 m 之内试起飞，观察飞机悬停是否平稳，姿态是否正常。

 任务实施

任务场景	无人机的定期维护
任务分组	学生 4～6 人一组，按照组间同质、组内异质进行分组，并推选组长，组长明确成员分工，相互配合完成任务
实施过程	1. 检查机体、机翼和水平尾翼的连接是否紧密。 2. 检查飞机的动力。列举无人机动力检查的主要内容。 3. 检查飞机的电子设备。列举无人机电子设备检查的主要项目。 4. 检查飞机的控制系统。列举无人机控制系统的检查内容
任务要求	1. 各组展示检查成果。 2. 有破损情况，各组互认结果后进行修复性维修。 3. 明确修复性维修的主要内容
任务反思	1. 在个人素养提升方面有哪些收获？ 2. 在任务实施中有哪些需要提高的方面？ 3. 无人机日常检查、定期检查、年度检查的重点内容有何不同？

 任务评价

序号	评价项目	评价指标	分值	自评 30%	互评 30%	师评 40%	合计
1	职业素养 （30 分）	制订计划能力强，严谨认真	5				
		责任意识、服从意识强	5				
		团队合作、交流沟通、分享能力强	5				
		遵守规范	5				
		完成任务积极主动	5				
		采取多种手段收集信息、解决问题	5				

序号	评价项目	评价指标	分值	自评 30%	互评 30%	师评 40%	合计
2	专业能力 （60分）	能清晰描述无人机保养的内容	15				
		能对无人机进行飞行前预防性维修和检查	15				
		能对无人机进行飞行后检查和保养	15				
		能准确地描述自己的优缺点，正视差距所在	15				
3	创新意识 （10分）	具备创新性思维和行动	10				
合计			100				
综合得分							

巩固练习

1. 关于航拍作业的准备工作，以下描述不正确的是（　　）。

A. 需检查飞行器状态　　　　　　　B. 需检查 SD 卡剩余容量

C. 需检查电池电量　　　　　　　　D. 无须做任何准备

2. 新电池使用前应先检查各单片，同一组合中单片电压差不应该大于（　　）V。

A. 0.01　　　　　　　　　　　　　B. 0.03

C. 0.05　　　　　　　　　　　　　D. 0.7

3. 飞行器检查时，多旋翼电机产生震动，在排除电机本身故障后，检查动力电路。此时应检查电调的（　　）。

A. 输入端　　　　　　　　　　　　B. 输出端

C. 不用检查　　　　　　　　　　　D. 电机连接端

4. 如果多旋翼飞行器重新组装，不需要校准（　　）。

A. GPS　　　　　　　　　　　　　B. 磁罗盘

C. 气压计　　　　　　　　　　　　D. IMU

5. 起飞前无人机、遥控器、地面控制站正确通电的顺序应是（　　）。

A. 遥控器、无人机、地面控制站　　B. 地面控制站、遥控器、无人机

C. 无人机、地面控制站、遥控器　　D. 无人机、遥控器、地面控制站

6. 多轴飞行一段时间后，检查电机安装位置的方法是（　　）。

A. 应用水平尺校准，保证各电机均应该水平而不应该出现倾斜等现象

B. 让其适当倾斜

C. 应用垂直尺校准，保证各电机均应该水平而不应该出现倾斜等现象

D. 无刷电机质量很好不用检查

7. 着陆后检查内容不包括（　　）。

A. 飞行器外观检查　　　　　　　　B. 燃油动力飞行器称重检查

C. 气象检查　　　　　　　　　　　D. 载荷检查

8. 操作无人机起飞前，动力装置不需要检查的是（　　）

A. 发动机的稳定性　　　　　　　　B. 发动机的生产日期

C. 发动机的油路　　　　　　　　　D. 发动机转动的声音

9. 无人机的检查应当遵循（　　）。

A. 制造商的最新维护手册　　　　　B. 随机附带维护手册

C. 无人机驾驶员经验　　　　　　　D.《无人机所有者及信息手册》

10. 经验表明无人机每飞行（　　）h 或更少时间就需要某种类型的预防性维护，至少每飞行（　　）h 进行较小的维护。

A. 20，50　　　　　B. 25，40　　　　　C. 30，60　　　　　D. 35，60

11. 以某疆精灵 4 飞行器为例，起飞前未移除云台扣会造成的后果是（　　）。

A. 损坏云台电机　　　　　　　　　B. 画面清晰无影响

C. 云台正常自检　　　　　　　　　D. 不影响云台相机工作

12. 无人机驾驶员进行起飞前，动力装置检查内容不包括（　　）。

A. 发动机油量检查

B. 发动机启动后怠速转速、震动、稳定性检查

C. 发动机生产厂家检查

D. 发动机是否完好无损

13. 无人机年度检查，要求（　　）。

A. 至少一年一次　　　　　　　　　B. 两年一次

C. 视无人机状态确定　　　　　　　D. 每六个月一次

14. 无人机驾驶员进行起飞前通信链路检查内容不包括（　　）。

A. 链路设备型号

B. 飞行摇杆舵面及节风门反馈检查

C. 外部控制盒舵面及节风门反馈检查

D. 塔台呼叫是否畅通

15. 无人机驾驶员进行起飞前控制站检查内容不包括（　　）。

A. 控制站软件检查　　　　　　　　B. 控制站操作系统检查

C. 预规划航线及航点检查　　　　　D. 应急航线及迫降点检查

16. 无人机驾驶员进行起飞前飞行器检查内容不包括（　　）。

A. 舵面结构及连接检查

B. 起飞（发射）、降落（回收）装置检查

C. 飞行器涂装

D. 通信链路是否畅通

任务八　职业装调素养的养成

 学习目标

知识目标

1. 了解 9S 管理的定义。

2. 熟悉无人机装调注意事项。

3. 熟悉无人机装调实训室管理的内容。

能力目标

1. 能清晰描述 9S 管理内容。

2. 能清晰列举无人机装调注意事项。

3. 能明确无人机装调实训室管理内容。

素养目标

1. 培养积极主动的工作态度。

2. 培养沟通表达能力。

3. 培养采用多种手段收集信息、解决问题的能力。

 任务导入

"9S 管理"由日本企业的 5S 扩展而来，是当今行之有效的现场管理理念和方法，其作用是提高效率，保证质量，使工作环境整洁有序，预防为主，保证安全。学习无人机职业装调规范，向低年级学生传授职业装调素养。

 知识储备

一、9S 管理的定义

"9S 管理"来源于企业，是现代企业行之有效的现场管理理念和方法，通过规范现场、现场物品，营造一目了然的工作环境，培养师生良好的工作习惯，其最终目的是提升学生的品质，养成良好的工作习惯。

9S 是指整理（Seiri）、整顿（Seiton）、清扫（Seiso）、清洁（Seiketsu）、素养（Shitsuke）、安全（Safety）、节约（Saving）、满意（Satisfaction）和服务（Service）九个项目，因其英语均以"S"开头，简称为 9S。其作用是提高效率，保证质量，使工作环境整洁有序，预防为主，保证安全。

（1）整理（Seiri）：区分要用和不要用的，留下必要的，其他都清除掉。

目的：把"空间"腾出来活用。

（2）整顿（Seiton）：有必要留下的，依规定摆整齐，加以标识。

目的：不用浪费时间找东西。

（3）清扫（Seiso）：工作场所看得见看不见的地方全清扫干净，并防止污染的发生。

目的：消除"脏污"，保持工作场所干干净净、明明亮亮。

（4）清洁（Seiketsu）：将上面3S实施的做法制度化、规范化，保持成果。

目的：通过制度化来维持成果，并显现"异常"所在。

（5）素养（Shitsuke）：每位师生养成良好习惯，遵守规则，有美誉度。

目的：改变"人质"，养成工作讲究、认真的习惯。

（6）安全（Safety）：

①管理上制定正确作业流程，配置适当的工作人员监督指示功能；

②对不符合安全规定的因素及时上报并消除；

③加强作业人员安全意识教育，一切工作均以安全为前提；

④签订安全责任书。

目的：预知危险，防患未然。

（7）节约（Saving）：减少企业的人力、成本、空间、时间、库存、物料消耗等因素。

目的：养成降低成本的习惯，加强作业人员减少浪费的意识教育。

（8）满意（Satisfation）：满意是指客户在使用有形产品或接受无形服务后，需求得到满足的心理状态。满意活动是指企业为使相关各方满意而开展的一系列举措。

目的：使客户感到满足。

（9）服务（Service）：站在客户（外部客户、内部客户）的立场思考问题，并努力满足客户要求，特别是不能忽视内部客户（后道工序）的服务。

目的：让每一位员工树立服务意识。

二、无人机装调注意事项

在无人机装调过程中，经常会用到各种用电设备、仪器和电动工具，如示波器、直流电源、电烙铁和手电钻等，在操作过程中要注意各种用电设备的安全规范，具体如下所述。

（1）认识、了解电源总开关，学会在紧急情况下关断总电源。

（2）用电设备使用完毕后应拔掉电源插头，插拔电源插头时不要用力拉拽电线，以防止电线的绝缘层受损造成触电，若电线的绝缘皮剥落，则要及时更换新线或用绝缘胶布包好。

（3）发现有人触电要设法及时关断电源，或者用干燥的木棍等物将触电者与带电的电器分开，不要用手直接救人，若触电者神智昏迷、停止呼吸，则应立即施行人工呼吸，马上送医院进行紧急抢救。

（4）不直接用手或导电物（如铁丝、钉子、别针等金属制品）去接触、探试电源插座内部；不触摸没有绝缘的线头；发现有裸露的线头，要及时与维修人员联系处理。

（5）使用插座的地方要保持干燥，不用湿手触摸电器，不用湿布擦拭电器。发现电器周围漏水时，暂时停止使用，并且立即通知维修人员做绝缘处理，等漏水排除后，再恢复使用。要避免在潮湿的环境（如浴室）下使用电器，更不能让电器淋湿、受潮或在水中浸泡，以免漏电，造成人身伤亡。

（6）不要在一个多口插座上同时使用多个电器，用电不可超过电线、断路器允许的负荷能力，增设大型电器时，应经过专业人员检验同意，不得私自更换大断路器，以免起不到保护作用，引起火灾。

（7）不要将插座电线缠绕在金属管道上，电线延长线不可经由地毯或挂有易燃物的墙上，也不可搭在铁床上。

（8）电器插头务必插牢，紧密接触，不要松动，以免生热。

（9）在使用电器的过程中造成跳闸，一定首先要拔掉电源插头，然后联系维修人员查明跳闸原因，并检查电器故障问题，而后确定是否可以继续使用，以确保安全。

（10）遇到雷雨天气，要停止使用电器，防止遭受雷击。电器长期搁置不用，容易受潮、受腐蚀而损坏，重新使用前需要认真检查。购买电器产品时，要选择有质量认定的合格产品。要及时淘汰老化的电器，严禁电器超期服役。

（11）不要随意拆卸、安装电源线路、插座、插头等。

（12）不要破坏楼内安全指示灯等公用电气设备。

（13）如果看到有电线断落，千万不要靠近，要及时报告有关专业部门维修。当发现电气设备断电时，要及时通知维修人员抢修。

（14）当电器烧毁或电路超负载时，通常会有一些不正常的现象发生，如冒烟、冒火花、发出奇怪的响声，或者导线外表过热，甚至烧焦产生刺鼻的怪味，这时应马上切断电源，然后检查电器和电路，并找到维修人员处理。

三、无人机装调实训室管理

（1）学生必须在有关教师的带领或同意下方可进入实训室。

（2）学生实训前必须穿好工作服，按规定的时间进入实训室，到达指定的工位，未经同意，不得私自调换。

（3）不得穿拖鞋进入实训室，不得携带食物、饮料等进入实训室，不得让无关人员进入实训室，不得在室内喧哗、打闹、随意走动，不得乱摸、乱动有关电气设备。

（4）上课时要注意保持实训室内卫生，不允许在实训室内吸烟、喝水、吃零食，以及随地吐痰、乱扔纸屑杂物。

（5）室内的任何电气设备，未经验电，一般视为有电，不准用手触及，任何接、拆线都必须切断电源后方可进行。

（6）设备使用前要认真检查，如发现不安全情况，应停止使用并立即报告教师，以便及时采取措施；电气设备安装检修后，须经检验后方可使用。

（7）实践操作时，思想要高度集中，操作内容必须符合教学内容，不准做任何与实训无关的事。

（8）要爱护实训工具、仪表、电气设备和公共财物，凡在实训过程中损坏仪器设备者，应主动说明原因并接受检查，填写报废单或损坏情况报告表。

（9）保持实训室整洁，每次实训后要清理工作场所，做好设备清洁和日常维护工作。经教师同意后方可离开。

（10）实训室内的机器设备由任课教师指导使用，未经允许不得随意动用其他机器设备。

（11）不得随意开关电源及重启设备，发现异常时应及时与任课教师联系。

（12）下课后每位学生应正常关闭设备，并做好工位卫生工作。

（13）实训人员要树立"安全第一"的思想，严格遵守安全操作规程。

（14）试验时，严格按照试验步骤逐一进行操作，确认一切正常后，由教师检查正确后方可进行通电试验。试验始终，板上要保持整洁，不可随意放置杂物，特别是导电的工具和导线等，以免发生短路等故障。

（15）试验装置上的直流电源及各信号源原则上仅供试验使用，一般不外接负载或电路。如作它用，要注意使用的负载不能超出本电源或信号源允许的范围。试验完毕后，及时关闭实验桌和仪器设备的电源，将仪器设备和元器件整理好整齐地摆放在实验桌上，并填好学生试验登记表。

（16）认真学习实训指导书，掌握电路或设备工作原理，明确实训目的、实训步骤和安全注意事项。

（17）学生分组实训前应认真检查本组仪器、设备及电子元器件的状况，若发现缺损或异常现象，应立即报告指导教师或实训室管理人员处理。

（18）无人机组装时要注意细小零部件的摆放，以免滚落地面造成损坏。

（19）在无人机组装实训过程中使用钻床时，要严格遵循钻床操作规程：钻头和工件要装卡牢固、可靠，装卸钻头要用专门钥匙，不得乱剔；操作时严禁戴手套，女生要戴工作帽，工作服袖口要扎紧；不准用手摸旋转的钻头和其他运动部件，运转设备未停稳时，禁止手制动，变速时必须停车；钻 5 mm 以上孔时要将工件装夹好，禁止手持工件加工；钻孔排屑困难时，进钻和退钻应反复交替进行；钻削脆性材料和使用砂轮机时要戴防护眼镜，用完后将电源关闭。

（20）在无人机组装实训过程中使用台钳夹持工件时，钳口不允许张得过大（不准超过最大行程的 2/3），夹持组件或精密工件时应用铜垫，以防工件坠落或损伤工件。

（21）在无人机组装实训过程中使用扳手紧固螺栓时，应检查扳手和螺栓有无裂纹或损坏，在紧固时，不能用力过猛或用手锤敲打扳手，大扳手需要套管加力时，应该特别注意安全。

（22）在无人机组装实训过程中使用焊台时，应注意打开电源时风枪必须放在风枪架上，保持出风口畅通，不能有阻碍物；作业完毕后，必须把加热手柄放在加热架上；烙铁头温度不宜长时间过高，间歇不用时应将温度调低；切勿用身体任何部分接触仪器加热部分、风枪热风口；机器在工作后，必须冷却方能存放，机器附近不能有易燃、易爆的物品。

（23）在无人机组装实训过程中使用电烙铁时，应注意电烙铁在使用中不准乱甩，防止焊锡掉在线间造成短路或烫伤，工作中暂时不用电烙铁时，必须将其放在金属支架上，不准放在木板或易燃物附近，工作完毕，切断电源，冷却后妥善保管。

（24）在无人机组装实训过程中使用手锯时，应注意锯条必须夹紧，不准松动，以防锯条折断伤人；锯割碳管时，锯要靠近钳口，方向要正确，压力和速度要适宜；安装锯条时，松紧程度要适当，以锯条略有弹性为宜，操作方向要正确，不准歪斜。

（25）实操安全保证书参考如下：通过学习有关实操制度及相关安全知识，本人保证在无人机装调实操时，一定遵守各项规章制度，遵守各项安全操作规程，做到安全、文明实操。

任务实施

任务场景	无人机实训室贯彻 9S 管理
任务分组	学生 4～6 人一组,按照组间同质、组内异质进行分组,并推选组长,组长明确成员分工,相互配合完成任务
实施过程	1. 各组制订无人机实训室 9S 管理方案。 2. 列举无人机装调的主要注意事项。 3. 列举无人机实训室管理的主要内容
任务要求	1. 各组以海报形式展示成果。 2. 各组进行互评、师评
任务反思	1. 在个人素养提升方面有哪些收获? 2. 在任务实施中有哪些需要提高的方面? 3. 思考 9S 管理在日常生活中应用的价值。

 **任务评价**

序号	评价项目	评价指标	分值	自评 30%	互评 30%	师评 40%	合计
1	职业素养 (30 分)	制订计划能力强,严谨认真	5				
		责任意识、服从意识强	5				
		团队合作、交流沟通、分享能力强	5				
		遵守规范	5				
		完成任务积极主动	5				
		采取多种手段收集信息、解决问题	5				

序号	评价项目	评价指标	分值	自评 30%	互评 30%	师评 40%	合计
2	专业能力（60分）	能清晰描述 9S 管理内容	15				
		能清晰列举无人机装调注意事项	15				
		能明确无人机装调实训室管理内容	15				
		能准确地描述自己的优缺点，正视差距所在	15				
3	创新意识（10分）	具备创新性思维和行动	10				
合计			100				
综合得分							

巩固练习

1. 爱岗敬业的具体要求是（　　）。

A. 树立职业理想　　　　　　　　B. 强化职业责任

C. 提高职业技能　　　　　　　　D. 抓住择业机遇

2. 坚持办事公道，必须做到（　　）。

A. 坚持真理　　　　　　　　　　B. 自我牺牲

C. 舍己为人　　　　　　　　　　D. 光明磊落

3. 在企业生产经营活动中，员工之间团结互助的要求包括（　　）。

A. 讲究合作，避免竞争　　　　　B. 平等交流，平等对话

C. 既合作，又竞争，竞争与合作相统一　　D. 互相学习，共同提高

4. 关于诚实守信的说法，正确的是（　　）。

A. 诚实守信是市场经济法则

B. 诚实守信是企业的无形资产

C. 诚实守信是为人之本

D. 奉行诚实守信的原则在市场经济中必定难以立足

5. 创新对企事业和个人发展的作用表现在（　　）。

A. 是企事业持续、健康发展的巨大动力

B. 是企事业竞争取胜的重要手段

C. 是个人事业获得成功的关键因素

D. 是个人提高自身职业道德水平的重要条件

6. 职业纪律具有的特点是（　　）。

A. 明确的规定性　　　　　　　　B. 一定的强制性

C. 一定的弹性　　　　　　　　　D. 一定的自我约束性

7. 无论从事的工作有多么特殊，它总是离不开一定的（　　）的约束。

A. 岗位责任　　　　　B. 家庭美德　　　　　C. 规章制度　　　　　D. 职业道德

8. 关于勤劳节俭的说法，正确的是（　　）。

A. 消费可以拉动需求，促进经济发展，因此提倡节俭是不合时宜的

B. 勤劳节俭是物资匮乏时代的产物，不符合现代企业精神

C. 勤劳可以提高效率，节俭可以降低成本

D. 勤劳节俭有利于可持续发展

9. 下列说法中，符合语言规范具体要求的是（　　）。

A. 多说俏皮话　　　　　　　　　　　　B. 用尊称，不用忌语

C. 语速要快，节省客人时间　　　　　　D. 不乱幽默，以免客人误解

任务九　无人机任务载荷设备的使用

 ## 学习目标

知识目标

1. 了解无人机任务载荷的定义。

2. 熟悉无人机任务载荷的分类。

3. 熟悉常用的光电传感器。

能力目标

1. 能操作 M350 无人机。

2. 能进行航线规划。

3. 能正确确定航高。

4. 能使用建模软件。

素养目标

1. 培养严谨、细致的工作态度。

2. 培养制订计划的能力。

3. 养成遵守操作规范的意识。

 ## 任务导入

利用无人机倾斜摄影测绘技术，可以实现城市化建设中的实景三维建模。利用无人机倾斜摄影测绘技术进行三维建模前，需要参考《1∶5 000　1∶10 000　1∶25 000　1∶50 000　1∶100 000 地形图航空摄影规范》（GB/T 15661—2008），对区域实际情况进行分析，其技术指标包括以下几点：第一，该技术所获取的影像为真彩色数字影像；第二，要想确保影像分辨率更高，需要确保航向重叠度和旁向重叠度达到 75%；第三，对于不符合规范的影像

图，要进行补摄操作。本次任务是获取校园的三维数据，尝试使用学院 M350 无人机和五镜头对学院进行模型重建。

 知识储备

一、无人机任务载荷的定义

任务载荷是无人机在执行特定任务时所携带的设备和装置的总称。这些载荷可以根据任务需求进行灵活配置和更换，以满足不同场景下的应用需求。

二、无人机任务载荷的分类

（1）光电类：侦察监控、拍照摄影、巡视等，如图 1-80、图 1-81 所示。

图 1-80　高空喊话器

图 1-81　高空照明灯

（2）投放类：武器、人影、架线等，如图 1-82、图 1-83 所示。

图 1-82　物资抛投器

图 1-83　气体检测仪

（3）获取类：大气监测、采样。

（4）其他：通信、试验、中继。

三、常用的光电传感器

无人机的机载任务载荷是由无人机的尺寸和载重量及任务需求所决定的。常用的光电类任务载荷设备有可见光载荷、红外热像仪、紫外热像仪、合成孔径雷达、激光雷达及多光谱相机等。机载任务载荷根据无人机的不同用途而配置。

1. 可见光载荷原理与常用特性

无人机可见光载荷主要分为光学相机和电视摄像机。

光学相机是一种经典的光学成像设备，也是最早装在无人机上使用的侦察设备。其最大的优点是具有极高的分辨率，目前其他成像探测器还无法达到。

无人机上使用的电视摄像机应用广泛，其主要优点是体积小、质量轻、功效低、灵敏度高、抗冲击震动和寿命长。该载荷常和红外成像仪组成双光吊舱系统，满足全天候实时图像监测需要。

2. 红外热像仪

通过探测目标的红外辐射，将目标的红外图形转换为可见光图形，发现并获取目标参数。

红外热像仪通常和电视跟踪器、激光测距器等组成综合探测系统用于探测、跟踪目标，向火控计算机输送目标的方位、仰角、距离信息。在这种综合探测系统中，红外热像仪的主要作用是昼夜探测、监视、跟踪目标。

3. 紫外热像仪

在高压设备电离放电时，根据电场强度（或高压差）的不同，会产生电晕、闪络或电弧。在电离过程中，空气中的电子不断获得和释放能量。当电子释放能量即放电时，会辐射出光波和声波，以及臭氧、紫外线、微量的硝酸等。紫外成像技术，就是利用特殊的仪器接收放电产生的紫外线信号，经处理后成像并与可见光图像叠加，达到确定电晕的位置和强度的目的，从而为进一步评价设备的运行情况提供依据。

4. 激光雷达

激光雷达采用激光探测与测量，利用GPS（Global Position System，全球定位系统）和IMU（Inertial Measurement Unit，惯性测量单元）机载激光扫描。其所测得的数据用数字表面模型的离散点表示，数据中含有空间三维信息和激光强度信息。应用分类技术在这些原始数字表面模型中移除建筑物、人造物、覆盖植物等测点，即可获得数字高程模型，并同时得到地面覆盖物的高度。

 任务实施

任务场景	获取校园的三维数据，尝试使用学院M350无人机和五镜头对学院进行模型重建
任务分组	学生4～6人一组，按照组间同质、组内异质进行分组，并推选组长，组长明确成员分工，相互配合完成任务
实施过程	1. 检查仪器设备（图1-84、图1-85）。 2. 悬挂睿铂五镜头相机。 3. 规划航线，注意飞机的飞行区域的限高、最高建筑物等一些信息。 4. 飞行拍摄。 5. 导出相片数据与POS数据。 6. 导入CC或Pix4d来处理，得到DOM模型数据等，整个流程并不复杂，但在细节上需要注意，一定要保护飞机，防止"炸"机

实施过程	 图 1-84 大疆 M350　　　图 1-85 睿铂五镜头相机
任务要求	1. 注意无人机安全操作。 2. 各组以三维模型形式展示成果
任务反思	1. 在个人素养提升方面有哪些收获？ 2. 在任务实施中有哪些需要提高的方面？ 3. 说明航线规划的注意事项。 4. 说明分辨率和比例尺的关系。 5. 说明航高的确定方法。

 任务评价

序号	评价项目	评价指标	分值	自评 30%	互评 30%	师评 40%	合计
1	职业素养 （30分）	制订计划能力强，严谨认真	5				
		责任意识、服从意识强	5				
		团队合作、交流沟通、分享能力强	5				
		遵守规范	5				
		完成任务积极主动	5				
		采取多种手段收集信息、解决问题	5				

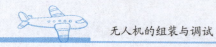

续表

序号	评价项目	评价指标	分值	自评 30%	互评 30%	师评 40%	合计
2	专业能力 (60分)	能操作 M350 无人机	15				
		能进行航线规划	15				
		能正确确定航高	15				
		能使用建模软件	15				
3	创新意识 (10分)	具备创新性思维和行动	10				
	合计		100				
	综合得分						

 巩固练习

1. 下列（　　）不是无人机的应用场景。

A. 影视拍摄　　　　　　　　　　B. 工程检测

C. 长距离运输　　　　　　　　　D. 电力巡线

2. 下列（　　）不适合航拍作业。

A. 航拍无人机　　　　　　　　　B. 直升机

C. 农业植保机　　　　　　　　　D. 多旋翼无人机

3. 视频格式不包括（　　）。

A. AVI 格式　　　　　　　　　　B. MOV 格式

C. JPEG 格式　　　　　　　　　D. MP4 格式

4. 下列（　　）是任务规划的主体核心。

A. 任务分配规划　　　　　　　　B. 航迹规划

C. 应急预案规划　　　　　　　　D. 载荷规划

5. （　　）主要由飞行操纵、任务载荷控制、数据链路控制和通信指挥等组成，可完成对无人机机载任务载荷等的操纵控制。

A. 指挥处理中心　　　　　　　　B. 无人机控制站

C. 载荷控制站　　　　　　　　　D. 航迹规划

6. 任务规划时还要考虑（　　），即应急航线。

A. 紧急迫降措施　　　　　　　　B. 安全返航措施

C. 异常应急措施　　　　　　　　D. 备份航线

7. （　　）的内容包括出发地点、途经地点、目的地点的位置信息，飞行高度和速度，以及需要到达的时间段。

A. 航线规划　　　B. 航迹规划　　　C. 任务规划　　　D. 载荷规划

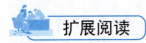

扩展阅读

持证飞行

　　无人机作为一种新兴的技术产品，已经深入我们生活的方方面面。从航拍摄影到农业植保，从电力巡检到应急救援，无人机的应用日益广泛。然而，在无人机行业蓬勃发展的同时，安全问题也越发凸显。为了确保无人机飞行的安全性和合法性，持证飞行成为每一位无人机驾驶员的必备条件。

一、坚持持证飞行

1. 持证飞行是保障飞行安全的必要条件

　　无人机在空中的飞行具有一定的风险，如果不具备足够的飞行知识和技能，则很容易发生事故。持有无人机执照的驾驶员，都经过了严格的培训和考试，具备了相应的飞行知识和技能。他们了解空中法规、飞行安全、航空气象等方面的知识，能够熟练地掌握无人机的操作技巧，从而有效降低飞行事故的发生率。此外，持证驾驶员在飞行过程中会更加注重飞行安全，严格遵守飞行规定，确保自己和他人的生命财产安全。

2. 持证飞行是遵守法律法规的必然要求

　　无人机的飞行活动属于航空活动范畴，必须遵守民用航空法的相关规定。根据《民用无人驾驶航空器经营性飞行活动管理办法（暂行）》等法律法规，从事无人机经营性飞行活动的单位和个人，必须取得相应的经营许可，并遵守相关的飞行规定。持有无人机执照是获得经营许可的必要条件之一。因此，持证飞行是遵守法律法规的必然要求，也是无人机行业健康发展的基础。

3. 持证飞行是提升行业竞争力的有效途径

　　持有无人机执照的驾驶员，不仅具备了相应的飞行知识和技能，还能够在行业内部获得更多的认可和信任。这将有助于他们在市场竞争中脱颖而出，获得更多的商业机会和合作伙伴。同时，持证驾驶员还能够为企业提供更加专业、高效的服务，提升企业的品牌形象和竞争力。

4. 持证飞行是促进行业规范发展的有力保障

　　无人机行业的健康发展需要规范的管理和监管。持有无人机执照的驾驶员，必须遵守相关的飞行规定和管理要求，这将有助于促进行业的规范发展。同时，持证驾驶员还能够积极参与行业内的交流和合作，共同推动无人机技术的进步和应用。这将有助于提升整个行业的水平和形象，为无人机行业的可持续发展奠定坚实的基础。持证飞行不仅是每一位无人机驾驶员的必备条件，还是无人机行业健康发展的必然选择。在未来，我们期待更多的无人机驾驶员能够积极申请并持有无人机执照，共同推动无人机行业的健康发展。

二、无人机驾驶执照的区别

　　无人机驾驶执照的管理和颁发由不同的机构负责，每个机构都有其特定的标准和适用范围。CAAC（中国民用航空局）是无人机飞行执照的权威管理机构，AOPA（中国航空器拥有者及驾驶员协会）、ALPA（中国民航飞行员协会）、ASFC（中国航空运动协会）和UTC（通用飞行训练中心）则是重要的合作伙伴或合格证认证机构。

1. CAAC 执照

CAAC 执照是目前中国最权威、含金量最高的无人机驾驶执照。它由中国民用航空局直接管理和签发，具有极高的法律效力。CAAC 执照主要用于商业航拍、影视制作等领域，要求持有者具备一定的飞行经验和专业知识。持有 CAAC 执照的无人机驾驶员可以在中国境内合法从事无人机飞行工作，并享有申报空域、申请航线的权利。CAAC 执照分为视距内驾驶员（驾驶员证）、超视距驾驶员（机长证）和教员证三种。视距内驾驶员主要在目视视距范围内操作无人机；超视距驾驶员则具备更广泛的飞行能力，包括在超出目视视距范围外操作无人机；教员证则允许持证者从事无人机飞行教学工作。

2. AOPA 合格证

AOPA 合格证由中国航空器拥有者及驾驶员协会颁发，AOPA 是一个国际性的无人机行业组织。自 2018 年 9 月 1 日起，AOPA 在此之前颁发的合格证自动转换成民航局颁发的无人机驾驶员电子执照，之后则合格证与执照分离管理，执照只有民航局才可颁发，AOPA 只能颁发合格证。

3. ALPA 应用合格证

ALPA 应用合格证由中国民航飞行员协会颁发，主要面向那些想要在执行特定类型的轻微型无人机任务时具有一定权威性的飞行员。ALPA 应用合格证的考试和评估，要求申请者具备一定的操控技能和无人机知识。

4. ASFC 执照

ASFC 执照由中国航空运动协会颁发，主要针对无人机模型运动爱好者。该执照要求申请者具备一定的飞行技能和基础知识，并通过相关机构的培训课程和考试。ASFC 执照的适用范围相对较窄，主要限于无人机模型运动领域。然而，对于喜欢无人机模型运动的爱好者来说，ASFC 执照无疑是一个很好的选择。

5. UTC 合格证

UTC 合格证由慧飞无人机应用技术培训中心颁发。UTC 合格证的考试和评估标准相对较为灵活，可以根据不同的岗位需求进行定制。

三、如何选择合适的无人机执照

在选择合适的无人机执照时，需要根据自己的需求和使用场景进行综合考虑。如果是从事商业航拍、影视制作等领域的专业人士，建议选择 CAAC 执照；如果是无人机模型运动爱好者，可以选择 ASFC 执照。随着无人机技术的不断发展，无人机驾驶执照的重要性和价值也日益凸显。了解五大无人机驾驶执照的区别和用途，有助于更好地选择合适的执照，提高无人机飞行的安全性和规范性。同时，也应该关注无人机行业的最新动态和政策法规的变化，以不断适应和满足市场需求。

项目二　NAZA飞控多旋翼无人机组装与调试

 项目描述

　　本项目着重阐述 NAZA（哪吒）飞控作为核心部件的详细组装方法。学习者不仅要学会 NAZA 飞控的组装技能，更重要的是学会飞控调参、遥控器调试、指南针校准及惯性传感器校准等操作。最终能够独立完成以上工作，并在教师指导下进行安全试飞，养成安全、谨慎的工作习惯。

任务一　多旋翼无人机组装

 学习目标

知识目标

1. 熟悉 NAZA（哪吒）飞控的性能。

2. 掌握 F450 机架安装的步骤。

3. 熟悉飞控的功能。

能力目标

1. 能正确安装 F450 机架。

2. 能正确对 NAZA 各接口进行接线。

素养目标

1. 培养解决问题的内在动力，形成积极向上的学习态度和探索精神。

2. 养成探究过程中勇于尝试、不怕失败的精神。

任务导入

我们将一同踏入多旋翼无人机的神秘世界，探索其硬件组装的奇妙之处。想象一下，亲手将一个个零部件巧妙地组合在一起，让它们协同工作，最终化作能够翱翔天际的智能飞行器。这不仅是一次动手实践的过程，更是一次深入了解机械、电子、工程等多学科知识融合的绝佳机会。通过这个任务，你们将亲身体验 NAZA（哪吒）飞控作为核心部件在无人机系统中的工作，提升动手能力和问题解决能力。让我们开启这段充满挑战与惊喜的多旋翼无人机硬件组装之旅！

 知识储备

一、NAZA（哪吒）飞控板概述

NAZA 飞控板俗称"哪吒"飞控板，它是 DJI（大疆）公司生产的一款多旋翼飞控。其主要版本有 NAZA-M、NAZA-MLite、NAZA-MV2 和 NAZA-H。NAZA 飞控板如图 2-1 所示。基本功能如下所述。

图 2-1　NAZA 飞控板

(1) 多选控制模式：手动模式；姿态模式；GPS 姿态模式。

(2) 智能方向控制（CF 功能）：航向锁定/返航点锁定。

(3) 增强型失控保护：自动降落/go home 自动降落熄火。

(4) 四旋翼 I、X；六旋翼 I、V、Y、IY；八旋翼 X、I、V。

(5) 掰杆启动，停止类型分为立即模式和智能模式。

(6) 远程调参。

(7) 支持两轴云台，云台舵机多频率支持（八轴时不支持云台）。

(8) D-Bus 接口，支持 S-Bus/S-BusII 接收机；支持 PPM 接收机。

(9) 电压检测和低压报警。

(10) 四通道遥控器支持。

(11) 马达调制中新增电机怠速五级可调。

(12) IMU 校准。

（13）支持 PMU 扩展模块，同时支持 IOSD、H3-2D 云台、NAZA-MBTU 模块等设备。NAZA 主要接线口如图 2-2 所示。

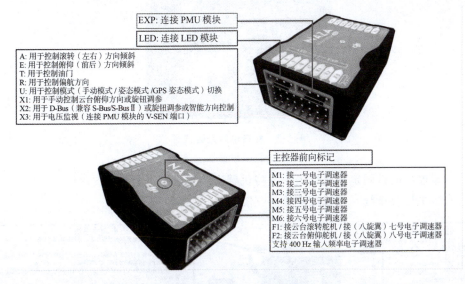

EXP: 连接 PMU 模块
LED: 连接 LED 模块

A: 用于控制滚转（左右）方向倾斜
E: 用于控制俯仰（前后）方向倾斜
T: 用于控制油门
R: 用于控制偏航方向
U: 用于控制模式（手动模式 / 姿态模式 /GPS 姿态模式）切换
X1: 用于手动控制云台俯仰方向或旋钮调参
X2: 用于 D-Bus（兼容 S-Bus/S-Bus Ⅱ）或旋钮调参或智能方向控制
X3: 用于电压监视（连接 PMU 模块的 V-SEN 端口）

主控器前向标记

M1: 接一号电子调速器
M2: 接二号电子调速器
M3: 接三号电子调速器
M4: 接四号电子调速器
M5: 接五号电子调速器
M6: 接六号电子调速器
F1: 接云台滚转舵机 / 接（八旋翼）七号电子调速器
F2: 接云台俯仰舵机 / 接（八旋翼）八号电子调速器
支持 400 Hz 输入频率电子调速器

图 2-2　NAZA 接口说明

二、F450 机架安装

（1）将四个电调焊接至机身下板，红正黑负（图 2-3）。

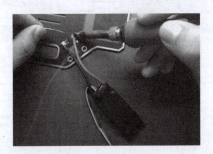

图 2-3　电调焊接

（2）焊好动力电接口，再将多功能模块的电源接口焊接至电源焊盘上（图 2-4）。

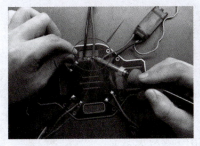

图 2-4　焊接接口

（3）用万用表检查电路是否连通（图 2-5）。

图 2-5　检查电路是否连通

（4）用螺栓将电机固定在机臂上，并将机臂安装在机身下板上。

（5）安装主控及接线，接线按连接图（图 2-6）连接即可。

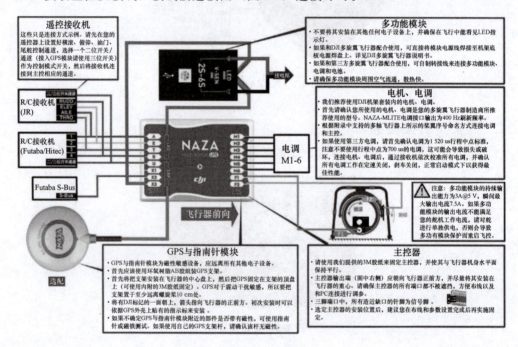

遥控接收机
这些只是连接方式示例。请先在您的遥控器上设置好横滚、俯仰、油门、尾舵控制通道，选择一个二位开关/通道（接入GPS模块请使用三位开关）作为控制模式开关，然后将接收机连接到主控相应的通道。

R/C接收机（JR）

R/C接收机（Futaba/Hitec）

Futaba S-Bus

GPS与指南针模块
·GPS与指南针模块为磁性敏感部件，应远离所有其他电子设备。
·首先应该使用环氧树脂AB胶组装GPS支架。
·首先把支架安装在飞行器的中心盘上，然后把GPS固定在支架的顶盘上（可使用内附的3M胶纸固定）GPS对于震动干扰敏感，所以要把支架离于至少远离螺旋桨10 cm处。
·将有DJI标记的一面朝上，箭头指向飞行器的正前方。初次安装时可以依据GPS外壳上贴有的指示标来安装。
·如果不确定GPS与指南针模块附设的部件是否带有磁性，可使用指南针或磁铁测试。如果使用自己的GPS支架杆，请确认该杆无磁性。

选配

NAZA

飞行器前向

多功能模块
·不要将其安装在其他任何电子设备上，并确保在飞行中能看见LED指示灯。
·如果和DJI多旋翼飞行器配合使用，可直接将模块电源线焊接至机架底板电源焊盘上。详见DJI多旋翼飞行器说明书。
·如果和第三方多旋翼飞行器配合使用，可制转接线来连接多功能模块、电调和电池。
·请确保多功能模块周围空气流通，散热快。

电机、电调
·我们推荐使用DJI机架套装内的电机、电调。
·首先请确认您所使用的电机、电调是您的多旋翼飞行器制造商所推荐使用的型号。NAZA-MLITE电调接口为400 Hz刷新频率。
·根据附录中支持的多轴飞行器上所示的桨翼序号命名方式连接电调和主控。
·如果使用第三方电调，请首先确认电调为1 520 us行程中点标准，注意不要使用行程中点为700 us的电调，这可能会导致损失或破坏、连接电机、电调后，通过接收机依次校准所有电调，并确认所有电调工作在全速关闭，刹车关闭，正常启动模式下以获得最佳性能。

电调 M1-6

⚠ 注意：多功能模块的持续输出能力为3A@5 V，瞬间最大输出电流7.5A。如果多功能模块的输出电流不能满足您的舵机工作电流，请对舵进行单独供电，否则会导致多功能模块保护而重启飞控。

主控器
·请使用我们提供的3M胶纸固定主控器，并使其与飞行器机身水平面保持平行。
·主控器输出端（图中右侧）应朝向飞行器正前方，并尽量将其安装在飞行器的重心。请确保主控器的所有端口不被遮挡，方便布线以及和PC连接进行调参。
·三脚插口中的一个靠近缺口的针脚为信号脚。
·选定主控器的安装位置后，建议您在布线和参数设置完成后再实施固定。

图 2-6　连接图

具体步骤如下：

①确定机头方向，一般选择红色机臂为机头，按图 2-7 确定 M1～M4，将 M1～M4 的信号线对应连接至主控的 M1～M4 接口。

②将电源模块的四口 LED 线连接至主控的 LED 接口，三口信号线连接主控 X3 接口。

③接收机连接至主控，将接收机 1～5 的信号线对应连接至主控的 A、E、T、R、U 接口。

④确定主控箭头指向飞机机头，贴上 3M 胶固定，并使其

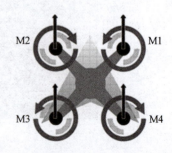

图 2-7　确定 M1～M4

与飞行器机身平面保持平行，并固定 LED 及接收机。

　　⑤用扎带绑好连接线，再安装机身上板，拧紧所有螺栓。

　　⑥将 GPS 接口连接至主控的 EXP 接口，用 3M 胶固定 GPS 连接杆。

　　⑦固定 GPS 模块，注意 GPS 箭头方向指向机头，将连接线缠绕在机臂和连接杆上并用扎带固定。

　　⑧机身主体基本完成，检查机身固定是否牢固、接线是否出错。再组装脚架，并用扎带固定至飞行器机身下板（图 2-8）。

图 2-8　成品

 ## 任务实施

任务场景	F450 机架安装		
任务分组	学生 4～6 人一组，按照组间同质、组内异质进行分组，并推选组长，组长明确成员分工，相互配合完成任务		
实施过程	1. 将四个电调焊接至机身下板，红正黑负。 2. 焊好动力电接口，再将多功能模块的电源接口焊接至电源焊盘上。 3. 用万用表检查电路是否连通。 4. 用螺栓将电机固定在机臂上，并将机臂安装在机身下板上。 5. 安装主控及接线，接线按连接图连接即可		
任务要求	1. 注意仪器工具使用安全，各组独立完成。 2. 安装好后填写检查表（表 2-1）。 <div style="text-align:center">表 2-1　接线检查表</div>		

检查内容	检查结果	检查内容	检查结果
副翼通道接线检查		电机 M1 接线检查	
升降通道接线检查		电机 M2 接线检查	
油门通道接线检查		电机 M3 接线检查	
航向通道接线检查		电机 M4 接线检查	
飞行模式通道接线检查		卫星导航模块接线检查	
智能方向通道接线检查		电压监测接线检查	
多功能模块接线检查		指示灯接线检查	

3. 各组以实物展示成果

任务反思	1. 在个人素养提升方面有哪些收获？
	2. 在任务实施中有哪些需要提高的方面？
	3. 如何寻找无人机的重心？
	4. GPS和指南针模块安装的要求有哪些？

 任务评价

序号	评价项目	评价指标	分值	自评 30%	互评 30%	师评 40%	合计
1	职业素养 (30分)	制订计划能力强，严谨认真	5				
		责任意识、服从意识强	5				
		团队合作、交流沟通、分享能力强	5				
		遵守规范	5				
		完成任务积极主动	5				
		采取多种手段收集信息、解决问题	5				
2	专业能力 (60分)	机架安装正确	15				
		接口正确	15				
		模块安装正确	15				
		接线整齐，焊接美观	15				
3	创新意识 (10分)	具备创新性思维和行动	10				
	合计		100				
	综合得分						

 巩固练习

1. 无人机飞行控制系统完成飞行状态的_____、_____、_____和_____四种功能。

2. 飞行控制系统主要包括_____、_____和_____三部分。

3. 在 NAZA 多旋翼无人机组装过程中，_____供电给飞控系统和电机。

4. 在组装 NAZA 多旋翼无人机时，需要校准_____和_____传感器，以确保飞行控制的准确性。

5. 在组装 NAZA 多旋翼无人机时，要确保_____和_____之间的连接正确无误。

6. _____是组装 NAZA 多旋翼无人机过程中不可或缺的零件，用于固定各种组件。

7. 在 NAZA 多旋翼无人机的组装中，_____是支撑整个飞行器结构的框架。

8. 在组装 NAZA 多旋翼无人机时，需要安装_____到飞行控制器上，以接收遥控器的指令。

9. 在组装 NAZA 多旋翼无人机时，要确保_____和_____的频率匹配。

10. 在_____的组装过程中，需要留意空气动力学设计，以确保飞行时的稳定性和效率。

11. 在 NAZA 多旋翼无人机的组装过程中，_____扮演着感知飞行器周围环境的重要角色。

12. 在组装 NAZA 多旋翼无人机时，要注意_____的安装位置和方向，以保证遥控信号的稳定传输。

13. 在组装 NAZA 多旋翼无人机时，要确保_____的校准和配置符合飞行器的参数要求。

14. 在组装 NAZA 多旋翼无人机时，要确保所有_____和_____良好接触，以避免电气故障。

任务二　NAZA 飞控调参

 ## 学习目标

知识目标

1. 熟悉 NAZA 飞控调参内容。

2. 掌握飞控调参的过程。

能力目标

1. 能下载、安装调参软件。

2. 能使用调参软件对飞控进行基础设置。

3. 能使用调参软件对飞控进行高级设置。

素养目标

1. 养成协作共赢的理念。

2. 培养主动寻求知识和解决问题的内在动力。

3. 培养积极向上的学习态度和探索精神。

任务导入

飞控系统作为无人机的核心组件，其性能的优劣直接决定了无人机的飞行稳定性、安全性和操控性。飞控调参则是优化飞控系统性能的关键环节，它需要综合运用电子工程、自动控制理论和计算机科学等多学科知识和技能。本任务旨在掌握飞控调参的基本原理和方法，能够熟练使用相关工具和软件对飞控系统进行参数调整和优化，从而提高无人机的飞行性能和任务执行能力。

 知识储备

一、NAZA 飞控特点

（1）灵活扩展性：支持 GPS 模块、LED 指示灯等外设接入。

（2）多种飞行模式：包括手动、姿态锁定、GPS 定点等。

（3）系统自适应：可根据不同的载具类型进行参数调整。

（4）一键返航功能：遥控失联时自动返回起飞点。

（5）低电压保护：防止电压过低导致无人机失控坠毁。

二、使用方法

首先需要从大疆官方网站下载并安装调参软件和驱动程序。安装完成后，将飞控通过 Micro-USB 线连接至计算机，并打开软件。如果连接成功，页面左下角的红蓝灯会变成绿蓝灯。（这里值得注意的是，NAZA 飞控不同于其他飞控，需要先将无人机接通动力电池才能接通调参软件，通电前记得将桨叶取下，以免误操作解锁无人机。）

三、NAZA（哪吒）飞控板软件调试步骤

通过 USB 线连接 LED 至计算机，运行 DJINAZAM Lite Assistant 开始软件调试步骤（DJINAZAM Lite Assistant 调参软件和驱动安装程序在官网即可下载）。

（1）在"基础"菜单项中，单击"飞行器"标签，选择相应的"四旋翼"机型（图 2-9）。

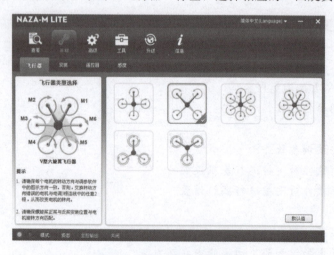

图 2-9　选择"四旋翼"机型

　　箭头表示电机和螺旋桨的旋转方向，请确保每个电机的转动方向与调参软件中的图示方向一致。若电机转向错误，则可通过交换电调3根连线中的任意2根来改变电机的转向。请确保螺旋桨正桨与反桨安装位置与电机旋转方向匹配。蓝色代表上层的螺旋桨，红色代表下层的螺旋桨。

　　（2）在"基础"菜单项中，单击"安装"标签，设置主控与GPS的位置距离（图2-10）。

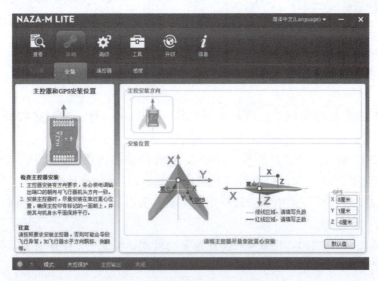

图 2-10　设置主控与 GPS 的位置距离

　　注：平衡负载分布，使飞行器的重心位于飞行器中心。GPS 安装有方向要求，务必使 GPS 模块印有箭头的一面朝上，并且箭头指向飞行器的正前方。填入 GPS 体心位置与飞机重心（C.G.）的相对距离，注意 X、Y 与 Z 轴的方向。请务必按照调参软件图示：箭头所指方向为正轴，相反方向为负轴，测量单位为厘米而不是英寸。

　　（3）在"基础"菜单项中，单击"遥控器"标签，设置"接收机"类型并进行"命令杆"校准（图2-11、图2-12）。

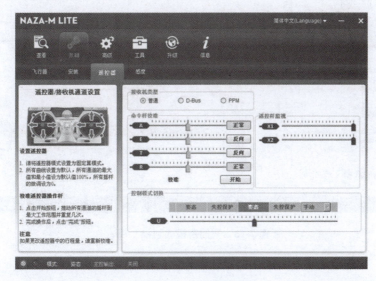

图 2-11　设计遥控器

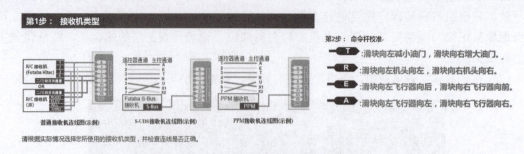

图 2-12　接收机类型与命令杆校准

以乐迪 AT9S 遥控器为例，接收机类型选择"D-Bus"（注：这时接收机和飞控连接只需 1 根线）。

（4）如图 2-13 所示，在"控制模式切换"项的"辅助通道"设置中，将"姿态选择"设为 CH7，用 SwE 三段开关进行飞行模式切换（图 2-14），在移动图 2-13 中的底部"黑色"滑块时，要通过"遥控器"菜单姿态选择中的手动、姿态、导航项，然后微调设置移动到对应的模式项下。

对于三段开关（图 2-15）：位置－1 设置为手动模式；位置－2 设置为姿态模式；位置－3 设置为 GPS 姿态模式；或者，也可以将位置－1 与位置－3 的定义互换。

（5）在"基础"菜单项中，单击"感度"标签，设置摇杆的感度（图 2-16）。

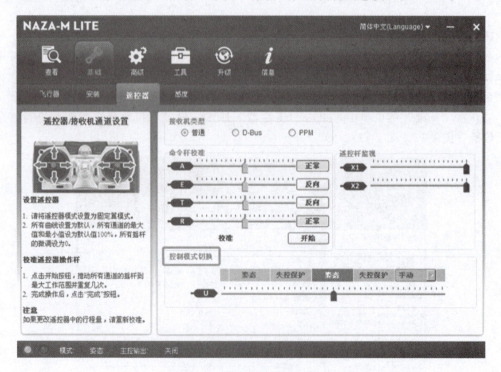

图 2-13　"控制模式切换"项

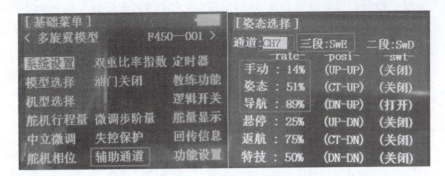

图 2-14　"辅助通道"项

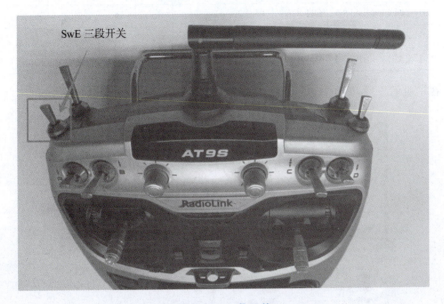

图 2-15　三段开关

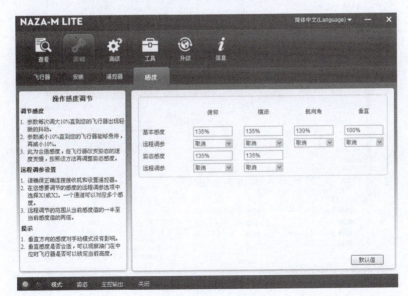

图 2-16　设置摇杆的感度

通常采用默认参数即可，默认值为100％。但是，不同的多旋翼飞行器因为型号、电子调速器、电机和螺旋桨的不同，会导致感度不同。一般如果感度过大，将导致飞行器在该参数所对应的方向上振荡（5～10次/s）；如果感度过小，将导致飞行器难以控制。所以，仍需要调节飞行器的俯仰、滚转、飞行航向和垂直方向的感度，以便使飞行器拥有更好的飞行表现（表2-2）。建议每次改动参数的10％～15％。

表2-2 调节感度参数

序号	机架	配置信息					基本感度				姿态感度	
		电机	电调	螺旋桨	电池	起飞质量/g	俯仰	滚转	航向	垂直	俯仰	滚转
1	F330	DJI-2212	DJI-18A	DJI-8Inch	3S-2200	790	140	140	100	110	140	140
2	F450	DJI-2212	DJI-30A	DJI-8Inch	3S-2200	890	150	150	100	105	150	150
3	F550	DJI-2212	DJI-30A	DJI-8Inch	4S-3300	1 530	170	170	150	140	170	170

（6）在"查看"菜单项中，可以查看飞控的基本参数设置（图2-17）。

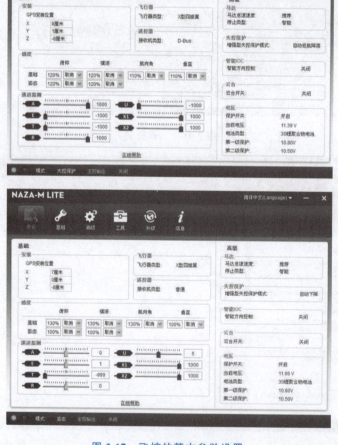

图2-17 飞控的基本参数设置

（7）在"高级"菜单项中，单击"马达"标签，可以设置马达转数状态（图 2-18）。

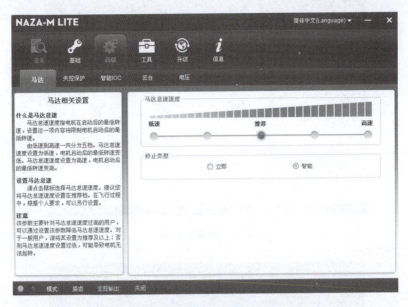

图 2-18　设置马达转数状态

（8）在"高级"菜单项中，单击"失控保护"标签，可以进行失控保护设置（图 2-19）。

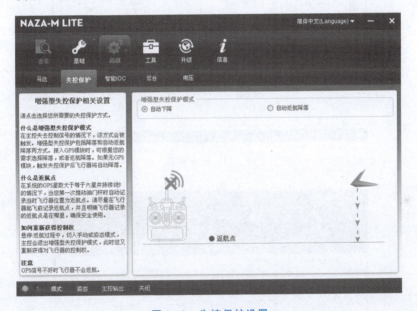

图 2-19　失控保护设置

（9）在"高级"菜单项中，单击"智能 IOC"标签，可以设置智能方向控制（图 2-20）。

（10）在"高级"菜单项中，单击"云台"标签，可以进行云台设置（图 2-21）。

（11）在"高级"菜单项中，单击"电压"标签，可以进行电压设置（图 2-22）。

（12）在"工具"菜单项中，可以进行 IMU 校准（图 2-23）。

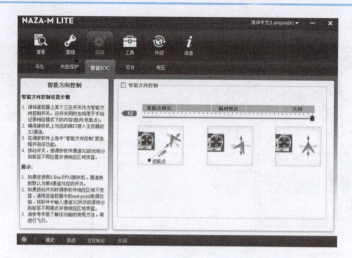

图 2-20　智能 IOC 设置

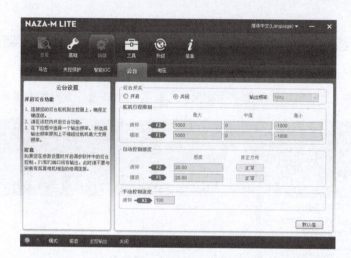

图 2-21　云台设置

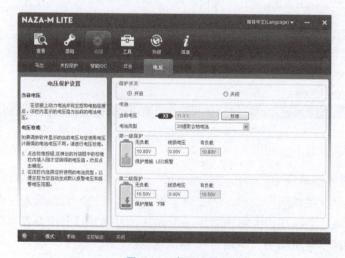

图 2-22　电压设置

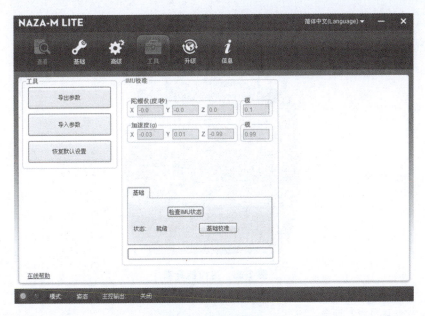

图 2-23　IMU 校准

四、NAZA（哪吒）飞控板配套遥控器设置

1. 遥控器外形与接口

遥控器正面如图 2-24 所示，遥控器背面如图 2-25 所示。

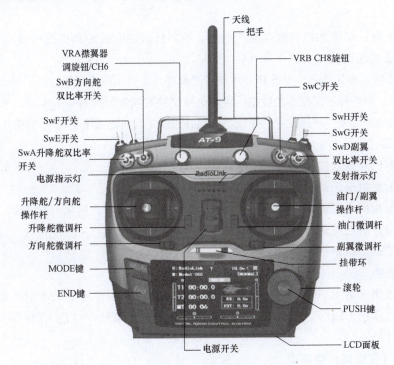

图 2-24　遥控器正面

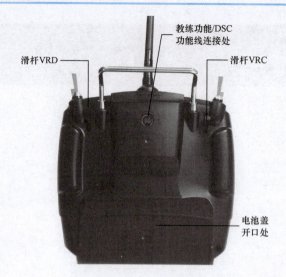

图 2-25　遥控器背面

接口示意如图 1-73 所示。

2. 按键操作说明

（1）MODE 键：在开机界面，长按 MODE 键 1 s 以上进入基础功能菜单。短按 MODE 键可以在基础菜单和高级功能菜单之间切换。

（2）END 键：关闭功能。关闭功能选项返回主菜单，再次按 END 键关闭菜单界面返回初始界面。

（3）转动拨盘：菜单选择和数据输入功能。顺时针或逆时针转动拨盘可移动光标在某一个功能中进行选项选择。

（4）PUSH 键：确认功能。按下 PUSH 键可选择进入需要编辑的功能。按下 PUSH 键 1 s 以上确认主要选项，如选择不同模型的数据，将一个模型的数据复制到另一个模型，重新设置微调杆，改变模型飞机的类型并重新设定。系统会询问是否确定，再次按下 PUSH 键确认。

3. 对频连接

（1）将发射机和接收机放在一起，两者距离在 1 m 以内。

（2）打开发射机电源开关。

（3）按下接收机侧面的 IDSET 开关 1 s 以上，LED 灯闪烁，指示开始对码。RD9 接收机将寻找与之最近的遥控器进行对码，这是 RD9 接收机的特色之一。

（4）确认舵机可以根据发射机来操作。

4. S-BUS 切换

短按接收机侧面的 IDSET 开关两次（1 s 内），完成 CH9 普通 PWM 信号和 S-BUS 信号切换。其中，蓝色 LED 灯亮，CH9 通道输出普通 PWM 信号；红色 LED 灯亮，CH9 通道输出 S-BUS 信号。

5. 遥控器（多旋翼）菜单项

以四旋翼飞行器为代表，进行多旋翼无人机的基本设置。打开遥控器，长按 MODE 键 1 s，进入基础菜单，如图 2-26 所示。

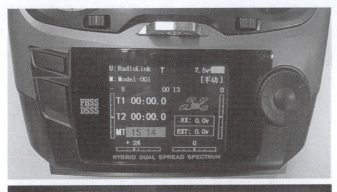

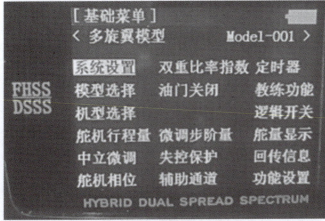

图 2-26　基础菜单

6. 系统设置

系统设置如图 2-27 所示。

图 2-27　系统设置

（1）语言选择。在"系统设置"菜单下，按下 PUSH 键进入语言选择项，转动拨盘可在中文和英文之间切换。

（2）摇杆模式。在"系统设置"菜单下，可用拨盘选择 4 种摇杆模式，分别为"1/2/3/4"，将其设置为正确模式。这不会改变油门和升降舵方向。这些机械上的更改应由售后服务中心完成。

（3）发射模式。当发射模式打开时，发射状态指示灯绿灯亮，否则灯熄灭。

（4）背光调节。调节背光数字，可增强或减弱背光灯的强度。

（5）用户名字。通过转动拨盘，依次确定每个位置的字母符号或数字，从而设置用户的名字。

（6）报警电压。

发射报警：设置发射机电压报警值。默认值为 8.6 V。

接收报警：设置接收机电压报警值。默认值为 4.0 V。

动力报警：设置飞机电池电压报警值。默认值为 11.1 V。

7. 机型选择

在"基础"菜单页面，转动拨盘至"机型选择"子菜单（图 2-28），按 PUSH 键进入机型选择界面。通过转动拨盘即可选择需要的机型，按 PUSH 键 1 s 以上出现"确认改变？"字样，再次按下 PUSH 键即可确认设置，完成多旋翼无人机的机型设置。多旋翼无人机增加了微调功能，打开微调可以通过遥控器面板上的微调旋钮来控制微调。关闭微调可防止由于误操作导致飞机飞行失控的危险。

【机型选择】
复位：执行
机型：多旋翼模型
横滚微调：打开
油门微调：打开
俯仰微调：打开

图 2-28　"机型选择"子菜单

机型选择设定举例见表 2-3。

表 2-3　机型选择设定举例

为模型选择合适的模式类型（如多旋翼机型）	在"基础"菜单中打开机型设置	在打开发射机，按下 MODE 键 1 s 以上（如果进入高级菜单，则再次按下 MODE 键），◎到机型设置，按下 ◎
	进入"机型选择"菜单	◎到机型
	先选择合适的模型类型，如多旋翼机型。然后确认更改	◎到多旋翼机型，按下 ◎ 1 s 以上，当屏幕显示"确认改变？"时，按 ◎确认选择
模型名命名（注意：系统可自动存储数据，用户不必另行存储）	在基础菜单中打开模型选择	◎到模型选择，按下 ◎，◎到名字（模型名称的首字符高亮）
	输入飞机名称，完成后关闭模型菜单	◎改变第一个字符：当适合的字符显示后，按下 ◎确认选择，◎到下一个字符并重复上一步操作，按 END 返回

8. 辅助通道设置

多旋翼无人机的辅助通道包括通道 6～12，出厂默认将 5 通道用于姿态选择设置。进入

5 通道后按下 PUSH 键，即可进入姿态选择界面。在该界面中，用户可以根据实际需要自行设置用于姿态选择的控制通道（图 2-29）。通过分别选择三段开关和二段开关，可以实现对六种姿态的控制。拨动拨盘可以设置六种姿态模式下的控制比例，从而完成不同姿态模式的设置。

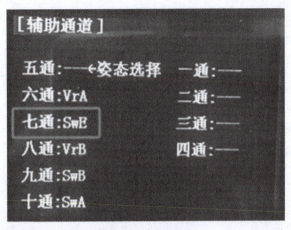

图 2-29　辅助通道

9. 多旋翼无人机的高级功能菜单

（1）姿态选择。多旋翼无人机的姿态选择模式有手动模式、姿态模式、导航模式、悬停模式、返航模式、辅助模式、特技模式、定高模式、自动模式、绕圈模式、漂移模式、引导模式、定点模式、简单模式、运动模式、降落模式、留待模式等（图 2-30），可根据需要自行选择。每种模式都设置有不同的控制比例，从而输出不同的控制信号。其中，手动模式的默认设置值为 0%，姿态模式的默认设置值为 50%，导航模式的默认设置值为 100%，悬停模式的默认设置值为 25%，返航模式的默认设置值为 75%，辅助模式的默认设置值为 50%。比例为 0% 表示输出信号为 1 ms 左右，比例为 100% 表示输出信号为 2 ms左右。操作者可以通过比例调整实现多达六种不同的飞行模式控制。多旋翼飞行姿态的设定举例见表 2-4。

【姿态选择】		
通道：CH5	三段：SwC	二段：SwB
–rate–	–posi–	–swt–
手动：0%	（UP–UP）	（关闭）
姿态：50%	（CT–UP）	（关闭）
导航：100%	（DN–UP）	（打开）
悬停：25%	（UP–DN）	（关闭）
返航：75%	（CT–DN）	（关闭）
辅助：50%	（DN–DN）	（关闭）

图 2-30　姿态选择

表 2-4　多旋翼飞行姿态的设定举例

设定举例	步骤	操作指引
设定多旋翼无人机的飞行姿态	在高级菜单中打开姿态选择	打开发射机，按下 MODE 键 1 s 以上（如果进入高级菜单，则再次按下 MODE 键），◎ 到姿态选择，按下 ◎
	设置姿态控制旋钮，三段开关设置为 SwC，二段开关设置为 SwB	◎ 到三段 Sw，按下 ◎，◎ 到 SwC，按下 ◎ 确认。◎ 到二段 Sw，按下 ◎，◎ 到 SwB，按下 ◎ 确认
	设置各个姿态模式下控制比例值，如姿态模式设置为 60%	◎ 到姿态模式的比例，按下 ◎，◎ 到 60%，按下 ◎ 确认
	选择通道 6 由基础控制变为滑动杆［VR（D）］控制。按需要改变其他的通道	◎ 到 CH6，按下 ◎，◎ 到 VR（D）。按要求重复上述操作
	关闭菜单	按一次 END 键返回主菜单，再按一次 END 键退出

（2）舵量显示（图 2-31）。采用实时条形界面，能够准确呈现发射机向舵机发送的指令（特别适合启用复杂混控时使用，因为所有操纵杆、开关和旋钮的调整，以及系统的响应延迟都能实时显示在屏幕上）。

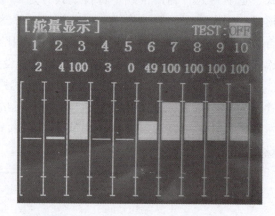

图 2-31　舵量显示

 任务实施

任务场景	NAZA（哪吒）飞控板软件调试
任务分组	学生 4～6 人一组，按照组间同质、组内异质进行分组，并推选组长，组长明确成员分工，相互配合完成任务

实施过程	首先需要从大疆官方网站下载并安装调参软件和驱动程序。安装完成后，将飞控通过 Micro-USB 线连接至计算机，并打开软件。 1. 在"基础"菜单项中，单击"飞行器"标签，选择相应的"四旋翼"机型。 2. 在"基础"菜单项中，单击"安装"标签，设置主控与 GPS 的位置距离。 3. 在"基础"菜单项中，单击"遥控器"标签，设置"接收机"类型并进行"命令杆"校准。 4. 在"控制模式切换"项中，通过"辅助通道"→"姿态选择"选中 CH7。 5. 在"基础"菜单项中，单击"感度"标签，设置摇杆的感度。 6. 在"查看"菜单项中，可以查看飞控的基本参数设置。 7. 在"高级"菜单项中，单击"马达"标签，可以设置马达转数状态。 8. 在"高级"菜单项中，单击"失控保护"标签，可以进行失控保护设置。 9. 在"高级"菜单项中，单击"智能 IOC"标签，可以设置智能方向控制。 10. 在"高级"菜单项中，单击"云台"标签，可以进行云台设置。 11. 在"高级"菜单项中，单击"电压"标签，可以进行电压设置。 12. 在"工具"菜单项中，可以进行 IMU 校准
任务要求	1. 注意仪器工具使用安全各组独立完成。 2. 各组以视频形式展示调参成果
任务反思	1. 在个人素养提升方面有哪些收获？ 2. 在任务实施中有哪些需要提高的方面？ 3. 结合调参软件中的"遥控器设置"，如何进行"遥控器校准"？

 任务评价

序号	评价项目	评价指标	分值	自评 30%	互评 30%	师评 40%	合计
1	职业素养（30分）	制订计划能力强，严谨认真	5				
		责任意识、服从意识强	5				
		团队合作、交流沟通、分享能力强	5				
		遵守规范	5				
		完成任务积极主动	5				
		采取多种手段收集信息、解决问题	5				
2	专业能力（60分）	能进行遥控器的校准	15				
		能进行智能方向控制的设置	15				
		能进行电机怠速设置	15				
		能准确地描述自己的优缺点，正视差距所在	15				
3	创新意识（10分）	具备创新性思维和行动	10				
合计			100				
综合得分							

 巩固练习

1. 在"控制模式切换"项中，在"辅助通道"→"姿态选择"中选择_____，通过_____三段开关进行飞行模式切换。

2. 在"基础"菜单项中的"感度"标签中，设置摇杆的_____。

3. 在"查看"菜单项中，可以查看飞控的基本_____。

4. 在"高级"菜单项中的"马达"标签中，可以设置马达_____。

5. 在"高级"菜单项中的"失控保护"标签中，可以进行_____设置。

6. 在"高级"菜单项中的"智能 IOC"标签中，可以设置_____。

7. 在"高级"菜单项中的"云台"标签中，可以进行_____设置。

8. 在"高级"菜单项中的"电压"标签中，可以进行_____设置。

9. 在"工具"菜单项中，可以进行_____。

10. 在乐迪 AT9 遥控器设置中，将发射机和接收机的距离设置为_____。

11. 在乐迪 AT9 遥控器设置中，按下接收机侧面的_____开关 1 s 以上，LED 灯闪烁，指示开始_____。

12. 在乐迪 AT9 遥控器设置中，短按接收机侧面的_____开关两次完成 CH9 普通

PWM 信号和_____信号切换。

13. 在乐迪 AT9 遥控器设置中，5 通道用于姿态选择设置，进入 5 通道后按下 PUSH 键即可进入姿态选择界面，选择_____，然后分别选择三段开关和二段开关，可以实现对_____的控制。

14. 在乐迪 AT9 遥控器设置中，多旋翼无人机的姿态选择模式有_____、_____、_____、_____、_____、_____六种。

15. 在乐迪 AT9 遥控器设置中，舵量显示用于_____。

16. 在 NAZA 飞控版配套遥控器设置中，推动摇杆向最大行程，观察绿色滑块是否移动到_____，如果达不到，则再次进行_____。

任务三   多旋翼无人机的调试

学习目标

知识目标

1. 熟悉指南针的作用。

2. 学会惯性传感器（IMU）校准方法。

能力目标

1. 能对多旋翼无人机（NAZA）飞控进行指南针校准。

2. 能对多旋翼无人机（NAZA）飞控进行惯性传感器校准。

3. 能对多旋翼无人机（NAZA）飞控进行电机的解锁与锁定。

素养目标

1. 培养坚韧意志和面对困难时的乐观心态。

2. 养成坚持不懈地追求真理的精神。

3. 培养积极向上的学习态度。

任务导入

多旋翼无人机的飞控与遥控器调试好后，还要进行指南针校准和 IMU 传感器校准，利用组装好的无人机，进行这两项校准。

知识储备

一、无桨和有桨调试

1. 无桨调试

（1）连接所有线路：接通电源，进行首次通电测试，检查飞控、电调、电机和接收机是

否正常通电，检查有没有出现短路或断路现象。

（2）检查遥控器：进行对频及相关设置，确保遥控器能够正常控制无人机。

（3）飞控调试：将飞控连接到计算机，用调试软件（如 Mission Planner、Cleanflight 等）对飞控进行调试，包括 PID 参数的调整、传感器校准等。

（4）电机转向测试：推动油门检查 4 个电机的转向是否正确。

2. 有桨调试

（1）安装螺旋桨：在确认电机转向正确后，安装螺旋桨。

（2）限制飞行器：将飞行器放在安全防护网内试飞，或者通过捆绑的方式限制飞行器，以防止意外发生。

（3）飞行测试：进行飞行测试，通过飞行状态检验飞行器是否正常。注意观察无人机的飞行姿态、稳定性，以及遥控信号的响应情况。

二、注意事项

（1）在组装和调试过程中，应仔细阅读说明书或指导手册，确保每个组件的安装和连接正确。

（2）在组装过程中，注意防静电和防震动，以免对精密电子部件造成损害。

（3）调试过程中应逐步进行，避免一次性调整过多参数，导致无人机失控。

（4）在飞行测试前，应确保无人机电量充足并处于良好状态。

通过以上步骤，可以完成多旋翼无人机的组装与调试工作。在实际操作中，可能需要根据具体无人机的型号和配置进行调整。

 任务实施

任务场景	指南针与 IMU 传感器校准
任务分组	学生 4～6 人一组，按照组间同质、组内异质进行分组，并推选组长，组长明确成员分工，相互配合完成任务
实施过程	一、指南针校准 　1. 在控制模式开关的手动模式和 GPS 姿态模式之间（或者姿态模式和 GPS 姿态模式之间）快速来回切换 6～10 次（手动/姿态模式→GPS 姿态模式→手动/姿态模式为 1 次），此时 LED 指示灯黄灯常亮。 　2. 沿水平方向旋转飞行器，直至绿灯常亮，然后进入下一步。 　3. 绿灯常亮后，机头朝下竖起飞行器，以重力方向为轴，转动飞机，直至绿灯熄灭，即完成校准。 　4. 校准完成后，LED 指示灯会显示校准是否成功。 　（1）校准成功，校准模式将自动退出，LED 正常闪灯。 　（2）红灯持续闪烁，校准失败。此时再切换 1 次控制模式取消当前校准状态，再从第 1 步开始重新校准。

实施过程	二、IMU 传感器校准 　　IMU 传感器校准主要针对飞行器悬停时在水平方向出现较大的漂移或自旋的情况。通过陀螺仪校准使飞行器获得更好的性能。在状态显示为就绪后，检查 IMU 状态，根据提示进行相应操作。 　　1. 请务必静止放置飞行器，连接调参软件。 　　2. 单击工具中的 IMU 校准，进入校准页面。 　　3. 请在状态显示为就绪后，单击检查 IMU 状态。 　　4. 系统进行检查并提示是否需要校准。 　　5. 如果提示 IMU 异常，请联系厂商或代理商；如果提示 IMU 需要校准，请单击校准按钮；如果提示 IMU 正常，则无须校准。 　　提示： 　　在静止状态下，陀螺仪在〔−1.5，+1.5〕范围内正常；加速度 X、Y、Z 平方和在 1 左右正常。
任务要求	1. 各组独立完成。 2. 各组以视频形式展示校准过程
任务反思	1. 在个人素养提升方面有哪些收获？ 2. 在任务实施中有哪些需要提高的方面？ 3. IMU 传感器的作用有哪些？

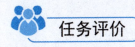

任务评价

序号	评价项目	评价指标	分值	自评 30％	互评 30％	师评 40％	合计
1	职业素养 （30分）	制订计划能力强，严谨认真	5				
		责任意识、服从意识强	5				
		团队合作、交流沟通、分享能力强	5				
		遵守规范	5				
		完成任务积极主动	5				
		采取多种手段收集信息、解决问题	5				

续表

序号	评价项目	评价指标	分值	自评 30%	互评 30%	师评 40%	合计
2	专业能力 （60分）	能进行指南针校准	15				
		能进行惯性传感器校准	15				
		能进行电机解锁与锁定	15				
		能准确地描述自己的优缺点，正视差距所在	15				
3	创新意识 （10分）	具备创新性思维和行动	10				
	合计		100				
	综合得分						

 巩固练习

1. 在控制模式开关的手动模式和 GPS 姿态模式之间（或者姿态模式和 GPS 姿态模式之间）快速来回切换 6～10 次，此时 LED 指示灯_____常亮。

2. 沿水平方向旋转飞行器，直至_____常亮，然后进入下一步。

3. 绿灯常亮后，机头朝下竖起飞行器，以重力方向为轴转动飞机，直至_____灭，即完成校准。

4. 校准完成后，LED 指示灯会显示校准是否成功。校准成功，校准模式将自动退出，LED_____；红灯持续闪烁，校准失败。此时再切换 1 次控制模式取消当前校准状态，再从第 1 步开始重新校准。

5. 无须完全水平或垂直地旋转多旋翼飞行器，_____以内即可。

6. 如果持续校准失败，请检查附近是否有强磁场干扰_____模块。

7. 飞行场地地理位置变更时，多旋翼飞行器的_____变化时需要重新校准。

8. 如果发生飞行器_____，需要重新校准。

9. 请不要在_____区域校准，如磁矿、停车场、带有地下钢筋的建筑区域等。

10. 校准时请勿随身携带铁磁物质，如_____、_____等。

11. 指南针模块无法在_____内正常工作。

12. _____主要针对飞行器悬停时在水平方向出现较大的漂移或自旋的情况。

13. IMU 校准时，请务必_____放置飞行器，连接调参软件。

14. IMU 校准时，无须完全_____放置飞行器，但要求飞行器保持静止不动。

15. 飞行前可以在调参软件的"高级"→"马达"→"停止类型"中设置_____。

16. 停止电机有两种方式可供选择：_____、_____。

17. 在_____模式下，不同控制模式停止电机的方式有所不同。

18. 在飞行过程中，无论在何种控制模式下，都不推荐将_____拉至 10% 以下。

19. 失控保护时，_____动作会被主控屏蔽，使电机保持之前的状态。

任务四　多旋翼无人机飞行测试

 ## 学习目标

知识目标

1. 熟悉飞行测试前安全检测的项目。

2. 掌握飞行测试的内容。

能力目标

1. 能对无人机进行试飞前后的检查。

2. 能进行无人机试飞。

素养目标

1. 培养团队意识和合作精神。

2. 养成坚韧意志和面对困难时的乐观心态。

3. 培养主动寻求知识和解决问题的内在动力。

 ## 任务导入

无人机组装完成后，应对无人机进行全面检查，包括各部件连接是否牢固、电线是否裸露、螺旋桨是否安装正确等。再进行无人机功能测试，包括遥控器连接测试、飞行姿态测试等，确保无人机能够正常飞行。

 ## 知识储备

一、安全检测

安全检测的内容如图 2-32 所示。

仔细检查下列各项，确保无误。

> 🚫 **以下任何一项错误都会导致严重的事故：**
> (1) 电机转动反向；
> (2) 电机、电调的连接线不可靠；
> (3) 主控器安装方向错误、安装不牢靠；
> (4) 主控器和电调之间连接错误、接触不良；
> (5) 螺旋桨旋转方向错误；
> (6) 指南针被磁化
>
> ⚠ **确保以下各项正确：**
> (1) 正确组装多旋翼飞行器；
> (2) 调参软件中正确设置所有参数；
> (3) 所有连线正确且状况良好；
> (4) 遥控器、主控器及所有部件的供电量充足

图 2-32　安全检测的内容

以下过程基于智能停止模式，请仔细对照飞行器表现进行如下介绍。

（1）先打开遥控器，再接通飞行器电源。

（2）在系统通电 5 s 内，请勿大幅度晃动飞行器，等待系统初始化。正常闪灯序列为红绿黄红绿黄红绿黄绿绿绿绿。接下来，可能会有 4 下黄灯快闪，4 下黄灯快闪期间无法启动电机（飞行器进行预热）。

（3）4 下黄灯快闪消失后，拨动遥控器上的控制模式开关，观察 LED 指示灯，确保其工作正常。例如，看到闪灯情况为黄红红红，说明当前控制模式处于姿态模式，并且 GPS 信号极差。手动模式、姿态模式和 GPS 姿态模式（需接入 GPS/指南针模块）三种控制模式对应指示灯如图 2-33 所示。

①没有接入 GPS/指南针模块时，只有控制模式灯，没有 GPS 卫星数目指示灯。

②接入 GPS/指南针模块时，控制模式灯之后有 GPS 卫星数目指示灯。

控制模式指示	GPS信号状态指示
手动模式：不闪灯 姿态模式：◎（有摇杆不在中位 ◎◎ ） GPS 姿态模式：●（有摇杆不在中位 ●● ）	信号良好（GPS卫星数目>6）：不闪灯 信号一般（GPS卫星数目=6）：● 信号差（GPS卫星数目=5）：●● 信号极差（GPS卫星数目<5）：●●●

图 2-33　指示灯状态

（4）将控制模式开关拨至姿态模式位置，保持机体静止不动，执行如图 2-34 所示四种掰杆动作中的任何一种启动电机。

图 2-34　四种掰杆动作

（5）电机启动后，滚转/俯仰/偏航摇杆立刻回中，油门摇杆不超过中位，观察螺旋桨转动方向是否正确。如果不正确，返回调参软件中更改设置。

（6）执行掰杆动作停止电机，断开飞行器电源。

（7）确保上述所有都正确之后，再进入飞行测试。

二、飞行测试

（1）确保遥控器、主控器及所有的部件供电量充足。

（2）检查所有连线，确保状况良好。

（3）选择空旷、无建筑物或树木遮挡、远离人群的地方作为飞行场地，飞行器放到距离飞手 3 m 以外的水平地面。

（4）若使用 GPS 姿态模式，需要等待飞行器搜索到足够的 GPS 卫星数再起飞（红灯闪烁一次或不闪烁）；若使用姿态模式/手动模式（新手请勿使用）飞行，可以不必等待该过程。

（5）启动程序如下：

①先打开遥控器，再给飞行器上电。请勿大幅度晃动飞行器，直到系统初始化和自检查完成。

②等待飞行器预热，4下黄灯快闪消失后，执行掰杆动作启动电机。

③电机启动后，滚转/俯仰/偏航摇杆立刻回中，同时推动油门摇杆离开最低位置（在一段时间内油门摇杆不脱离底端，电机停止旋转，若出现此情况，需要重新执行启动程序）。

④继续向上推油门超过中位，飞行器才离地起飞（也不要过度推杆，以防飞行器突然急速上冲）。

⑤在飞行器离地之后请随时注意飞行器的运动，并用摇杆适当调整飞行器的运动状态。

⑥当到达希望的高度后，将油门摇杆拉至中位（保持滚转/俯仰/尾舵摇杆处于中位），飞行器可处于悬停状态。慢慢推动遥控器摇杆使所有的电机工作，然后慢慢起飞多旋翼飞行器。

（6）慢慢下降飞行器，不要降落到坚硬物体上，降落后油门收到最低后，再执行掰杆动作停止电机。

（7）先断开飞行器电源，再关闭遥控器，试飞完成。

提示：

（1）一次成功试飞后，起飞前的准备步骤可以简化：将多旋翼飞行器正确放置在平地上，打开遥控器，启动多旋翼飞行器，即可以在姿态模式下起飞。

（2）如果飞行器悬停时在水平方向出现较大的漂移或自旋，请进入调参软件，利用工具中IMU校准观察传感器输出，如果陀螺仪有较大偏置，则需要对陀螺仪进行校准。

注意：

（1）如果等待预热4下黄灯快闪时间过长（大于2 min），请先断电10 min，冷启动，再连接调参软件，利用"工具"菜单项，进行高级校准。

（2）如果电机停止方式为立即停止模式，请一定不要在飞行过程中把油门摇杆拉至10%以下的位置，否则将直接导致电机停转。如果意外把油门摇杆拉到10%以下而导致电机停转，请在5 s内立即推油门摇杆至10%以上，以重启电机。

（3）请不要在飞行中执行掰杆动作，如果执行，电机将立即停转。

（4）飞行过程中注意GPS卫星状态指示灯的状态，确保GPS信号良好（红灯一闪或不闪烁），否则飞行器在悬停时会漂移。

（5）请不要在铁磁物质比较多的位置飞行。内部磁传感器会因铁磁物质的影响导致工作异常。

（6）请不要在GPS信号弱的场合使用GPS姿态模式，可能无法获取GPS信号。

（7）如果在飞行过程中出现低电压报警，LED红灯快闪，请尽快降落飞行器，以避免坠机等严重后果。

（8）听到遥控器低电压报警的声音后，请尽快将飞行器降落，防止遥控器异常导致失控或坠机。

（9）使用GPS姿态模式飞行时，请确保在GPS信号良好的情况下记录返航点，否则，返航点记录位置可能不准确。

（10）油门摇杆在中位表示垂直方向的速度为0 m/s。在飞行过程最好始终保持油门杆量距熄火位置10%满量程以上。

（11）飞行器降落时要控制下降的速度，最好是缓慢下降，防止飞行器落地的撞击损坏飞行器。

（12）如果设置失控保护功能，飞行过程一旦进入失控保护，飞行器将按照用户在调参软件中的设置进行操作。

（13）如果设置低电压保护，飞行过程一旦进入低电压保护，飞行器将按照用户在调参软件中的设置进行操作。

 任务实施

任务场景	无人机试飞
任务分组	学生 4～6 人一组，按照组间同质、组内异质进行分组，并推选组长，组长明确成员分工，相互配合完成任务
实施过程	1. 试飞前准备：确保无人机的组装正确无误，各部件连接紧固，电池充电充足，传感器和设备正常工作。 （1）对试飞场地进行选择和评估，要求场地空旷、无障碍物、远离人群、建筑物、机场等限制区域。同时，要考虑天气条件，避免在恶劣天气（如大风、暴雨、雷电等）下试飞。 （2）制订详细的试飞计划，包括试飞的目的、任务、飞行路线、高度、速度等参数。 （3）准备必要的调试工具和设备，如遥控器、地面站软件、监控设备等，以便在试飞过程中实时监测和调整无人机的状态。 （4）对地面工作人员和飞手进行培训，使其熟悉试飞流程和应急处理措施。 2. 地面测试：在起飞前，进行地面的功能性测试，如电机旋转、舵面动作、通信连接等，确保无人机在地面状态下一切正常
任务要求	1. 各组独立完成。 2. 各组以视频形式展示试飞过程
任务反思	1. 在个人素养提升方面有哪些收获？ 2. 在任务实施中有哪些需要提高的方面？ 3. 无人机试飞的安全注意事项有哪些？

任务评价

序号	评价项目	评价指标	分值	自评 30%	互评 30%	师评 40%	合计
1	职业素养 （30分）	制订计划能力强，严谨认真	5				
		责任意识、服从意识强	5				
		团队合作、交流沟通、分享能力强	5				
		遵守规范	5				
		完成任务积极主动	5				
		采取多种手段收集信息、解决问题	5				
2	专业能力 （60分）	能进行姿态模式的飞行	15				
		能进行GPS姿态模式的飞行	15				
		能进行定点精度的测试	15				
		能说出风力对定点精度的影响	15				
3	创新意识 10分	具备创新性思维和行动	10				
合计			100				
综合得分							

✈ 巩固练习

1. 在系统通电5 s内，请勿大幅度晃动飞行器，等待系统初始化。正常闪灯序列为_____ _____。接下来，可能会有4下黄灯快闪，4下黄灯快闪期间无法启动电机。

2. 观察LED指示灯，确保其工作正常。例如，看到闪灯情况为_____，说明当前控制模式处于_____，并且GPS信号极差。

3. 电机启动后，滚转/俯仰/偏航摇杆立刻回中，油门摇杆不超过中位，观察螺旋桨转动方向是否_____。

4. 若使用GPS姿态模式，需要等待飞行器搜索到足够的GPS卫星数再起飞_____；若使用姿态模式/手动模式（新手请勿使用）飞行，可以不必等待该过程。

5. 先打开遥控器，再给飞行器上电。请勿_____，直到系统初始化和自检查完成。

6. 如果等待预热4下黄灯快闪时间过长_____，请先断电10 min，冷启动，再连接调参软件，利用"工具"菜单项，进行_____。

7. 请不要在GPS信号弱的场合使用_____，可能无法获取GPS信号。

8. 油门摇杆在中位表示垂直方向的速度为_____。在飞行过程中最好始终保持油门杆量距熄火位置10%满量程以上。

9. 飞行器降落时要控制下降的速度，最好是_____，防止飞行器落地的撞击损坏飞行器。

10. 如果设置失控保护功能，飞行过程一旦进入_____，飞行器将按照用户在调参软件中的设置进行操作。

11. 如果设置_____保护，飞行过程一旦进入低电压保护，飞行器将按照用户在调参软件中的设置进行操作。

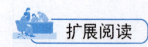

无人机"黑飞"造成国防战备资源损失

国防和军事利益是国家利益的重要组成部分。某测绘公司在未取得空域管理部门批准的情况下，指派未取得民用无人机驾驶执照的林某进行无人机测绘工作。

1. 擅自作业被提起诉讼

2022年10月，某单位与被告某测绘公司签订《地质灾害点隐患排查委托协议》，委托某测绘公司通过无人机航拍的方式，获取工作地面航拍照片，用于开展山区地质灾害隐患排查、废弃矿区治理现状等各项数据。其后，该公司指派被告林某完成上述无人机测绘工作，该飞行任务未向空域管理部门申请飞行空域及航拍计划，且林某未取得民用无人机驾驶执照。林某在操作无人机航拍时，被空军雷达监测识别为异常空情，随后动用人员装备进行查证处置，造成国防战备资源损失。

廊坊中院审理认为，被告某测绘公司在未向空域管理部门申请飞行空域及航拍计划的情况下，擅自将航拍测绘工作交给未取得民用无人机驾驶执照的林某完成，违反了航空管理法规，引发异常空情，被告某测绘公司的行为存在严重过错。林某未取得民用无人机驾驶执照，在明知某测绘公司未申请飞行空域的情况下即实施航拍测绘，其行为也存在过错。某测绘公司及林某的过错行为导致部队因处置异常空情产生国防战备资源损失，同时被告的行为与已造成的损害结果存在因果关系，应承担相应侵权责任。

廊坊中院对该案进行公开宣判。法院全部支持检察机关诉讼请求，判决被告某测绘公司及林某赔偿国防战备资源损失12万余元，并通过国家级媒体公开赔礼道歉，消除不良影响。被告认可判决结果，愿意承担赔偿责任，并通过国家级媒体作出诚恳道歉。

2. 加强无人机飞行管理

本案办案检察官表示，被告某测绘公司、林某违反《中华人民共和国民用航空法》《通用航空飞行管制条例》等相关规定，擅自进行无人机作业，其行为扰乱空域管理秩序，危害国防安全，造成国防战备资源损失，侵害了国家利益，也破坏了当前全民国防的良好氛围。

据了解，作为侵害国防和军事利益民事公益诉讼案，本案并非孤例。

2019年12月，某测绘仪器销售公司违反航空管理法规，擅自指派公司员工到涉案路段进行无人机试飞拍照。因事先未向军队申请飞行计划和空域，该试飞行为被空军雷达监测为异常空情，致使某战区组织指挥机构、人员、战斗机参与处置使其迫降，耗费了大量国防战备资源。

接到军事检察机关移交案件线索后，保定市人民检察院依法向保定市中级人民法院提起民事公益诉讼。2021 年 5 月，保定中院判决被告某测绘仪器销售公司赔偿国防战备资源损失，并通过国家级媒体公开赔礼道歉。

为依法加强无人机飞行及相关活动的安全监管，有效化解和防范风险，促进相关产业持续、健康发展，2023 年 5 月 31 日，国务院、中央军委公布《无人驾驶航空器飞行管理暂行条例》，自 2024 年 1 月 1 日起施行。

无人机"黑飞"干扰航班、失控伤人、偷拍侵权等问题日益凸显，风险挑战不容忽视。相关单位及个人应当依法规范无人机飞行及有关活动，促进无人机产业健康、有序发展，切实维护航空安全、公共安全和国家安全。

项目三　Pixhawk飞控多旋翼无人机组装与调试

项目描述

　　本项目着重阐述开源飞控的调参方法，不仅要学会开源飞控的调参方法，更重要的是，要学会地面站设置、数传电台与图传电台的设置，在做好以上工作的同时，还要养成安全意识和规范操作的良好职业素养。

任务一　Pixhawk飞控调参

学习目标

知识目标

1. 了解开源飞控与不开源飞控的概念。
2. 熟悉开源飞控的种类。
3. 掌握飞控调试项目。

能力目标

1. 能对Pixhawk飞控软件进行设置与调参。
2. 能对Mission Planner地面站软件进行设置。
3. 能对无人机动力系统进行调试。

素养目标

1. 培养创新精神和探索精神。
2. 培养安全操作意识。

任务导入

无人机最重要、最核心的部分就是飞行控制单元，简称飞控。它是无人机安全执行飞行任务的核心。在市场上有开源飞控和商业飞控两类。商业飞控就是由飞控厂家自行研发、设计的飞控，生产厂家有自己的知识产权，基本不对外公开飞控的程序信息。但是商业飞控往往简化了用户的安装、调试、使用时的难度，这样也会使飞控的研发成本大大增加。因此，商业飞控是开源飞控的数倍到数十倍。开源飞控是指飞控系统的硬件设计图纸、地面站软件源代码等全部技术资料完全公开，任何具备相关技术能力的人员均可对其进行优化，甚至进行二次开发。

知识储备

一、开源飞控与不开源飞控

开源（Open Source）的概念最早被应用于开源软件。开放源代码促进会（Open Source Initiative）用其描述那些源代码可以被公众使用的软件，并且此软件的使用、修改和发行也不受许可证的限制。

开源硬件是开源软件的延伸。开源硬件是指与自由及开放原始码软件以相同方式设计的计算机和电子硬件，包括电路图、材料清单和印制电路板（PCB）布局等内容。

开源飞控的源代码是公开的，任何人都可以通过其源代码了解其工作原理，例如，飞控如何实现转弯或抗侧风干扰。如果用户觉得它的抗侧风干扰程序写得不够好，完全可以自行修改代码，使其性能更加优越。像 APM、Pixhawk 飞控就是开源飞控。

不开源飞控是一些商业公司开发的产品，其源代码是不公开的。也就是说，通常无法了解它是如何控制无人机转弯、如何抗侧风干扰、如何避障的。用户只能通过其预留的一些接口，去调整某些飞行参数，使之更加符合个人的要求，这些调整内容远不如开源飞控丰富。

另外，由于不开源飞控是商业产品，需要满足用户的需求，否则用户也不会花钱购买，所以，不开源飞控在技术上，特别是在可靠性方面，往往有独到之处。

二、目前较成熟的开源飞控

1. Arduino 飞控

要谈开源飞控的发展，就必须从著名的开源硬件项目 Arduino 谈起。Arduino 是最早的开源飞控，由 Massimo Banzi、David Cuartielles、Tom lgoe、Gianluca Martino、David Mallis 和 Nicholas Zambetti 于 2005 年在意大利交互设计学院合作开发而成。Arduino 公司为电子开发爱好者搭建了一个灵活的开源硬件平台和开发环境，用户可以从 Arduino 官方网站获取硬件设计文档，并根据实际需求调整电路板及元件，以满足自己的设计需求。

2. APM 飞控

APM（Ardu Pilot Mega）是在 2007 年由 DIY 无人机社区（DIY Drones）推出的飞控

产品，是当今最为成熟的开源硬件项目。APM 基于 Arduino 的开源平台，对多处硬件作出改进，包括加速度计、陀螺仪和磁力计组合惯性测量单元（IMU）。由于 APM 良好的可定制性，它在全球航模爱好者中迅速传播开来。通过开源软件 Mission Planner，开发者可以配置 APM 的设置，接受并显示传感器的数据，使用 Google Maps 完成自动驾驶等功能，但是 Mission Planner 仅支持 Windows 操作系统。

3. PX4 和 Pixhawk 飞控

PX4 是一个软硬件开源项目（遵守 BSD 协议），目的在于为学术、爱好和工业团体提供一款低成本、高性能的高端自驾仪。这个项目源于苏黎世联邦理工大学的计算机视觉实验室、自主系统实验室和自动控制实验室的 Pixhawk 项目。PX4 FMU 自驾仪模块运行高效的实时操作系统（RToS），Nuttx 提供可移植操作系统接口（POSIX）类型的环境，如 printf（ ）、pthreads、/dev/ttyS1、open（ ）、write（ ）、poll（ ）、ioctl（ ）等。软件可以使用 USBbootloader 更新。PX4 通过 MAVLink 同地面站通信，兼容的地面站有 QGroundControl 和 Mission Planner，软件全部开源且遵守 BSD 协议。

PX4 是与平台无关的自动驾驶仪软件（或称为固件），可以控制无人机或无人车。它可以被写在某些硬件上（如 Pixhawk v2），并与地面控制站一起组成一个完全独立的自动驾驶系统。PX4 地面控制站被称为 QGroundControl，是 PX4 自驾系统不可分割的一部分，可以运行在 Windows、OSX 或 Linux 等多个平台。使用 QGroundControl，可以将 PX4 固件写到硬件，设置不同的飞行器参数，实时获得飞行数据，并创建和执行完全自主的任务。

为了能够对 PX4 进行配置、控制及交互，需要先对其进行连接。对于 Pixhawk 硬件有以下三种类型的连接。

（1）遥控连接：通过无线电实现遥控器对飞控的连接。

（2）数据连接：用数传、Wi-Fi 或 USB 线对 QGroundControl 地面站和无人机进行的连接。

（3）机外连接：X4 和外部能够控制 PX4 的微机之间的数据连接。

由 3DR 联合 APM 小组与 PX4 小组于 2014 年推出的 Pixhawk 飞控是 PX4 飞控的升级版本，拥有 PX4 和 APM 两套固件和相应的地面站软件。该飞控是目前全世界飞控产品中硬件规格最高的产品，也是当前爱好者手中最炙手可热的产品。Pixhawk 拥有 168 MHz 的运算频率，并突破性地采用了整合硬件浮点运算核心的 Cortex-M4 的单片机作为主控芯片，内置两套陀螺仪和加速度计 MEMS 传感器，互为补充校正，内置三轴磁场传感器并可以外接一个三轴磁场传感器，同时可外接一主一备两个 GPS 传感器，在故障时自动切换。

基于其高速运算的核心和浮点算法，Pixhawk 使用最先进的定高算法，可以仅凭气压高度计便将飞行器高度固定在 1 m 以内。它支持目前大多数的多旋翼类型，甚至包括三旋翼和 H4 这样结构不规则的产品。它使飞行器拥有多种飞行模式，支持全自主航线、关键点围绕、鼠标引导、"FollowMe"、对尾飞行等高级的飞行模式，并能够完成自主调参。

Pixhawk 的所有硬件都是透明的，它用的是什么芯片和传感器一目了然，所有的总线和外设都进行引出，不但以后可以兼容一些其他外设，而且对于有开发能力的用户提供了方便。Pixhawk 是一个双处理器的飞行控制器，拥有一个擅长于强大运算的 32 bit STM32F427 Cortex-M4 核心 168 MHz/256 KB RAM/2 MB Flash 处理器，还有一个主要定位于工业用途的协处理器 32bit STM32F103，它的特点是安全、稳定。所以就算主处理器死机了，还有一个协处理器来保障安全。

Pixhawk飞控的开放性非常好,几百项参数全部开放供玩家调整,即使仅通过基础模式简单调试也能实现稳定飞行。

三、Pixhawk 飞控和 Mission Planner 地面站安装调试

Pixhawk 是著名飞控厂商 3DR 推出的新一代独立、开源、高效的飞行控制器,如图 3-1 所示,它不仅提供了丰富的外设模块和可靠的飞行体验,还可在其基础上进行二次开发。因其具有通用性,下面以Pixhawk 为例讲解飞控和地面站安装调试过程。

图 3-1　Pixhawk 外观

1. Pixhawk 飞控配置

(1)硬件配置:主处理器为 32 位处理器STM32F427(主频为 168 MHz/256 KB RAM)。备用处理器为独立供电 2MB Flash/32 bit STM32F103 故障保护协处理器。主要传感器包括双 3 轴加速计(可确保绝大部分情况下剔除单加速度计可能产生的混淆噪声,极大改善飞行稳定性)、磁力计(确认外部影响和罗盘指向)、双陀螺仪(测量旋转速度)、气压计(测高)、内置罗盘(支持外置双 GPS 集成的备份、超控)、故障保险处理器。

(2)接口定义:Pixhawk 接口定义如图 3-2~图 3-4 所示。

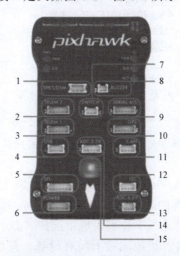

图 3-2　Pixhawk 正面接口示意

1—spektrum DSM 接收机专用接口;2—遥测:屏幕显示 OSD(TELEM2);3—遥测:数传(TELEM1);4—USB;

5—5SPI 总线(串行外设接口);6—电源模块(接供电检测模块);7—安全开关;8—蜂鸣器;9—串口;

10—GPS 模块;11—CAN 总线;12—I2C 分路器或接指南针(罗盘)模块;13—模数转换器(ADC)6.6 V;

14—模数转换器(ADC)3.3 V;15—LED 指示灯

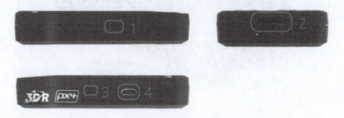

图 3-3　Pixhawk 两侧与底部接口示意

1—输入/输出重置按钮;2—SD 卡插槽;3—飞行管理重置按钮;4—Micro-USB 接口

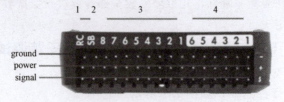

图 3-4　Pixhawk 顶部接口示意

1—接收机输入；2—S-Bus 输出；3—主输出；4—辅助输出

2. Pixhawk 飞控系统调试

（1）安装飞控驱动程序与地面站软件。

安装 Pixhawk 驱动程序：通过 USB 连接计算机与飞控后，右击"计算机"图标，在弹出的快捷菜单中选择"设备管理器"命令，单击"端口"列表，出现"PX4 FMU（COM3）"端口，如图 3-5 所示。

图 3-5　Pixhawk 驱动程序安装端口

安装地面站软件（Mission Planner，MP）到计算机上，本机安装版本为 v1.3.37。Mission Planner 是免费的、开源的软件，可用于 Windows 系统。地图加载方法：选择"飞行计划"命令，在主界面右侧的地图下拉列表框中选择"必应混合地图"选项。

（2）连接飞控与地面站软件。拔掉飞控上所有设备，只留蜂鸣器。使用 USB 线连接飞控和计算机的 USB 接口，如图 3-6 所示。

图 3-6　USB 线连接飞控和计算机的 USB 接口

进入"飞行数据"页面，选择右上角串口号下拉列表中的"COM3 PX4 FMU（COM3）"，本机是 COM3，波特率为 115 200。注意不要单击右侧的"连接"按钮，如图 3-7 所示。

图 3-7　连接飞控与地面站软件端口选择

（3）飞控固件加载和升级。一般当飞控器购买回来时，程序已经安装在里面了，如果想要更新里面的程序，可以通过在线直接安装方式更新固件或通过安装本地下载的固件方式更新固件。

执行"初始设置"→"安装固件"命令，如图 3-8 所示。

注意事项：

安装固件时一定要选择 AC 开头的固件，太高版本的固件或版本不兼容会导致飞控瘫痪不可运行。

①直接安装。选择对应的无人机机架类型，下载最新固件，弹出是否继续对话框，单击"OK"按钮，等待安装完成，会出现短暂的音乐声，如图 3-9 所示。

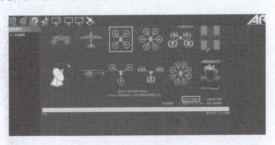

图 3-8　安装固件

图 3-9　下载最新固件

声音停止后单击"确定"按钮。此时如果是第一次浏览 AC3.2 固件，则会提示需要重新进行罗盘校准。进入"飞行数据"页面，单击右上角"连接"按钮即可连上飞控，进而获取飞控数据。

②安装下载的固件。通过单击地面站安装固件页面中的"下载固件"按钮，打开官方下载服务器，如图 3-10 所示。官方软件下载地址：http：//firmware.ardupilot.org。选择固件 Firmware 中的 APM Copter（多旋翼和传统直升机固件），如图 3-11 所示。

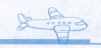

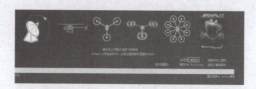

图 3-10　安装下载的固件

打开固件下载页面：建议使用稳定版，单击“stable”，进入稳定版下载（网址）：http：//firm-ware. ardupilot. org/Copter/stable/，如图 3-12 所示。

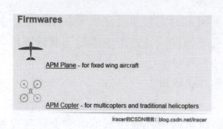

Firmwares
APM Plane - for fixed wing aircraft
APM Copter - for multicopters and traditional helicopters
iracer的CSDN博客：blog.csdn.net/iracer

图 3-11　安装下载地址

Index of /Copter/stable
Name Last modified Size Description
Parent Directory -
PX4-heli-hil/ 2015-02-11 13:49 -
PX4-heli/ 2016-02-25 22:37 -
PX4-hexa/ 2016-02-25 10:13 -
PX4-octa-quad/ 2016-02-25 10:22 -
PX4-octa/ 2016-02-25 10:20 -
PX4-quad-hil/ 2015-02-11 13:49 -
PX4-quad/ 2016-02-24 14:27 -
PX4-tri/ 2016-02-25 10:26 -
PX4-y6/ 2016-02-25 10:28 -

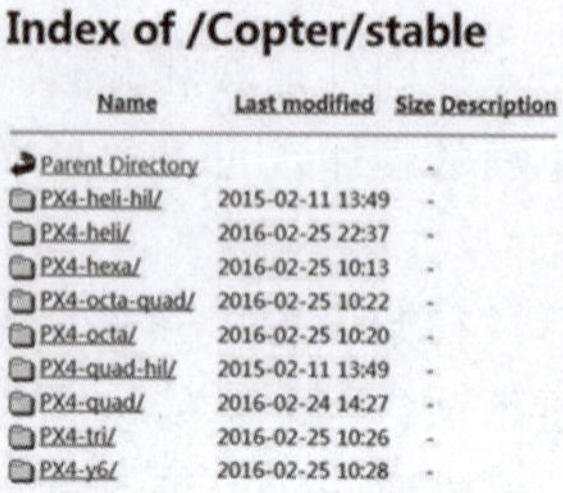

图 3-12　固件版本

其中，固件版本含义如下：PX4 对应飞控；heli 表示直升机；hexa 表示 6 轴；octa 表示 8 轴；octa-quad 表示 4 个机壁上下两层供 8 台马达的 8 轴；quad 表示 4 轴；tri 表示 3 轴。

单击 PX4-quad 进入下载页面，如图 3-13 所示。

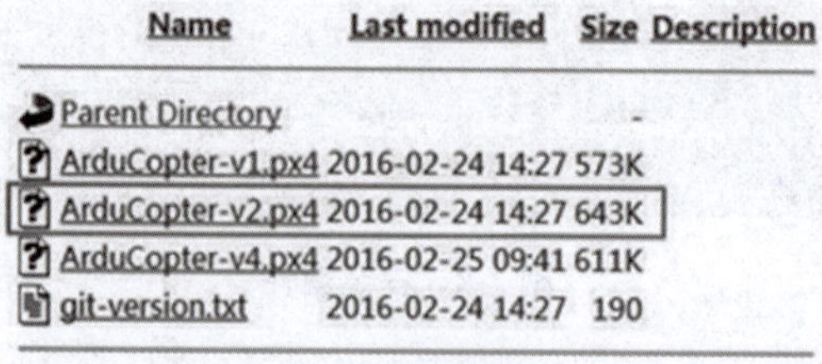

Name Last modified Size Description
Parent Directory -
ArduCopter-v1.px4 2016-02-24 14:27 573K
ArduCopter-v2.px4 2016-02-24 14:27 643K
ArduCopter-v4.px4 2016-02-25 09:41 611K
git-version.txt 2016-02-24 14:27 190

图 3-13　下载页面

选择 v2. px4 版本，右击链接选择“另存为”命令，下载到本机。

如果要加载自定义固件，在地面站进入“初始设置”页面，选择“加载自定义固件”，在弹出的对话框中选择刚下载的固件文件即可。地面站切换到“飞行数据”页面，设置好端口与波特率后，单击右上角“连接”按钮即可看到飞控数据（高度、角度等）传回地面站并显示出来。此时，主 LED 灯黄灯闪烁，LED 红蓝闪烁表示自检。

（4）校准。将 GPS 的两路输出（6pin 和 4pin）接上飞控对应的 GPS 口（6pin）和 IC 口（4pin 罗盘），准备校准。

打开地面站，用 USB 连接飞控，设置 COM 端口号和波特率，单击“连接”按钮，连接成功后进入“初始设置”页面，展开左侧“必要硬件”，可以看到下列选项：“机架类型”“加速度计校准”“罗盘”“遥控器校准”“飞行模式”“失控保护”（后两者不必校准）。

下面将逐一校准上述选项。

①机架类型配置。在左侧"必要硬件"的"机架类型"中选择对应的机架，选择"X"型，默认设置不动，如图3-14所示。

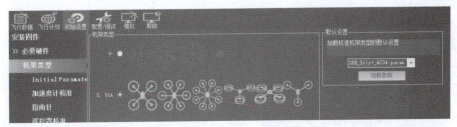

图3-14　机架类型

②加速度计校准。单击左侧列表"加速度计校准"进入校准界面，如图3-15所示。

图3-15　加速度计校准（一）

按提示放置飞控（上下、左右、前后），每一步完成后单击"Click When Done"按钮，所有姿态都完成之后，会显示校准成功。水平位置得到正确的结果是最重要的，这将会成为控制器飞行时的水平的姿态。重点在于在每步单击"Click When Done"按钮之后不要立即移动飞行器。

具体校准步骤如下：

a. 界面提示"Place vehicle level and press any key"，将飞控水平放置在平面上，飞控指针向前，如图3-16所示，然后单击"Click When Done"按钮。

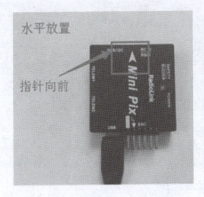

图3-16　加速度计校准（二）

b. 界面提示"Place vehicle on its LEFT side and press any key",将飞控箭头指向左,靠在盒子边沿,保持与水平面垂直,如图 3-17 所示,放稳后再单击"Click When Done"按钮。

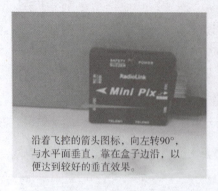

沿着飞控的箭头图标,向左转90°,与水平面垂直,靠在盒子边沿,以便达到较好的垂直效果。

图 3-17　加速度计校准(三)

c. 界面提示"Place vehicle on its RIGHT side and press any key",将飞控箭头指向右,靠在盒子边沿,保持与水平面垂直,如图 3-18 所示,再单击"Click When Done"按钮。

沿着飞控的箭头图标,向右转90°,与水平面垂直,靠在盒子边沿。

图 3-18　加速度计校准(四)

d. 界面提示"Place vehicle nose Down and press any key",将飞控箭头指向下,靠在盒子边沿,如图 3-19 所示,再单击"Click When Done"按钮。

让飞控指向线朝下,沿盒子边沿旋转,与桌面垂直。

图 3-19　加速度计校准(五)

e. 界面提示 "Place vehicle nose UP and press any key"，将飞控箭头指向上，靠在盒子边沿，如图 3-20 所示，再单击 "Click When Done" 按钮。

图 3-20 加速度计校准（六）

f. 界面提示 "Place vehicle on its BACK and press any key"，将飞控的背面向上，水平放在桌面上，保持飞控箭头指向前，如图 3-21 所示，再单击 "Click When Done" 按钮。

图 3-21 加速度计校准（七）

g. 加速度计校准完成，如图 3-22 所示。

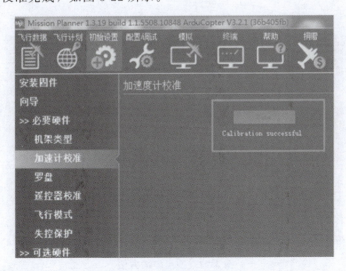

图 3-22 加速度计校准（八）

显示 successful 即校准成功，如图 3-23 所示。

放置步骤分别是正平放、右、左、后、反平放。

图 3-23　加速度计校准（九）

③罗盘（指南针）校准。使用捆扎带或皮筋将 GPS 天线与飞控固定好（图 3-24），确保两者壳体表面箭头的指向保持一致，注意一定要固定好，保证在后续的旋转过程中两者不能发生偏移。罗盘校准一般在装机前后各进行一次。安装时 GPS 和飞控无特殊位置关系，美观、方便即可。

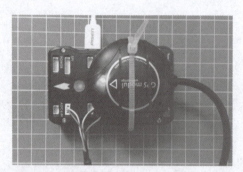

先把GPS放在飞控上，手按住固定不动，让飞控的箭头方向和GPS的箭头方向一致。再单击进行校准

图 3-24　GPS 天线与飞控的固定

单击"必要硬件"列表中的"指南针"，进行"手动校准"，指南针 1 和 2 使用默认设置，如图 3-25 所示。

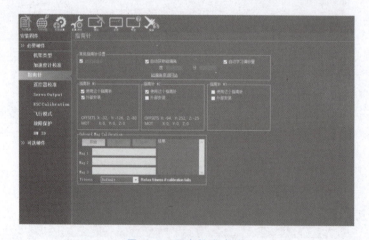

图 3-25　罗盘校准方法

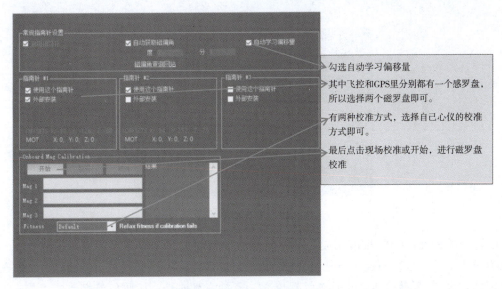

图 3-25　罗盘校准方法（续）

　　单击"现场校准"按钮，弹出对话框提示：将飞控绕各个轴进行圆周运动，至少沿每个轴旋转一次，转到飞控发出响声代表校准完成。单击"OK"按钮。

　　手持飞控和 GPS 做各个方向的圆周旋转，使飞控采集修正数据，此时地面站显示如图 3-26 所示。六个面的每个面都要转，直至地面站白点全部消失，如图 3-26 所示。

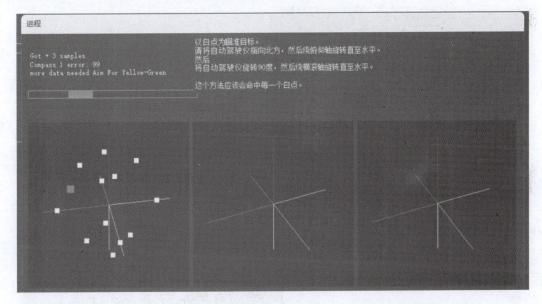

图 3-26　现场校准

　　持续旋转飞控方向，待数据采集自动结束后，系统将弹出偏移量提示，因为 GPS 和飞控均有罗盘，因此弹出两个偏移量提示，如图 3-27 所示，单击"OK"按钮完成罗盘校准。如果误差太大，则可尝试重新校准一次。

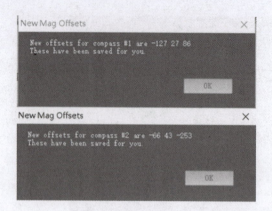

图 3-27　罗盘校准方法

④遥控器校准。GPS 校准完成、飞控断电后按照规范（飞控正面放置时引脚从上至下依次为－、＋、信号）的连接方法接上 R7008SB 接收机，连接到飞控 RC 端口（本书使用 Futaba T14SG 标配接收机）进行遥控器校准。需要注意的是，接收机若接错，飞控会有烧毁的可能性。

a. 方向校准。打开遥控器，启动地面站，连接飞控，进入"初始设置"中选择"遥控器校准"页面，如图 3-28 所示。

单击"校准遥控"后会依次弹出两个提醒：第一个是确认遥控发射端已经打开，如图 3-29 所示；第二个是接收机已经通电连接，确认电机没有通电，如图 3-30 所示。

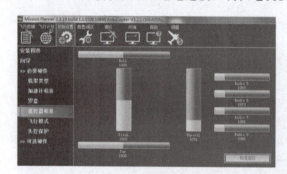

图 3-28　遥控器校准

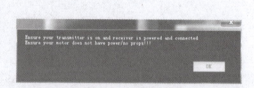

图 3-29　遥控发射端打开提示页面

单击"OK"按钮开始拨动遥控开关，使每个通道的提示条移动到上下限位置，如图 3-31 所示。

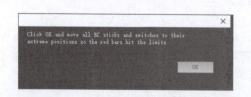

图 3-30　接收机通电提示页面

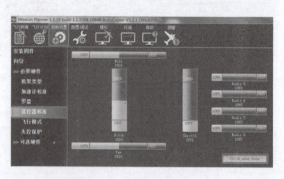

图 3-31　遥控器限位校准

　　b. 行程校准。所有摇杆数值均在 1 094～1 934 变化，满足要求。单击"校准"按钮，将遥控器左右摇杆重复打到最值，即左右摇杆在最大值上不停转圈，得到校准数据，如图 3-32 所示。

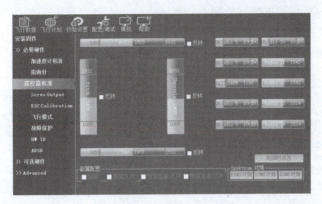

图 3-32　遥控器行程校准

　　当每个通道的指示条移动到上下限位置，单击"保存校准"时，弹出确认对话框后完成遥控器的校准，如图 3-33 所示。

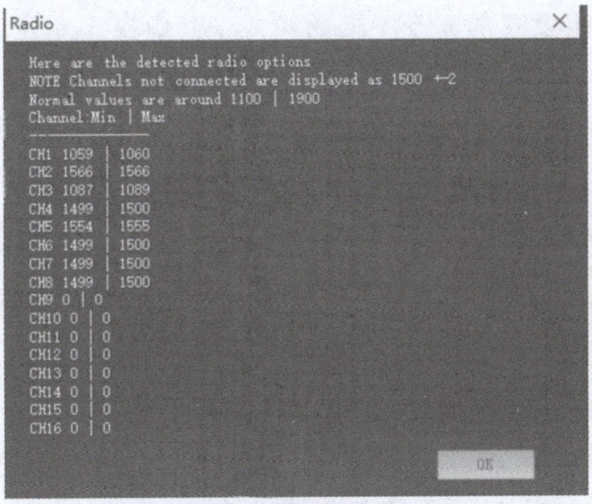

图 3-33　遥控器校准完成提示

　　需要注意的是，遥控器左右摇杆控制四个柱面，只有升降舵为反向。

　　正向：表示上下、左右操作和摇杆操作一致。例如，向左打杆，输出变小，向上打杆，输出变大。

　　反向：表示上下、左右操作和摇杆操作相反。例如，向左打杆，输出变大，向上打杆，输出变小。

　　油门：左摇杆推到顶/左摇杆降到底——正向为正确。

　　方向：左摇杆打到最左/左摇杆打到最右——正向为正确。

　　滚转：右摇杆打到最左/右摇杆打到最右——正向为正确。

　　升降：右摇杆推到顶/右摇杆降到底——反向为正确。

　　如果方向不正确，则需要在遥控器设置中将该通道设置为反向。

　　⑤飞行模式设置。飞行模式设置非常重要，因为使用的飞控不一样会有不同的设置步骤，请参阅产品说明书。

Pixhawk 有 6 个飞行模式可选，在遥控器上选择一个 2 挡开关和一个 3 挡开关，进行关联设置，可组合得到 6 个不同挡位。当 2 挡开关处于第 1 挡位时，3 挡开关的 1/2/3 挡，分别对应模式 1/3/5；当 2 挡开关处于第 2 挡位时，3 挡开关的 1/2/3 挡，分别对应模式 2/4/6。每扳动遥控器左上或右上的辅助通道一次，图 3-34 显示绿色的部分就是所在的通道。

彩图 3-34

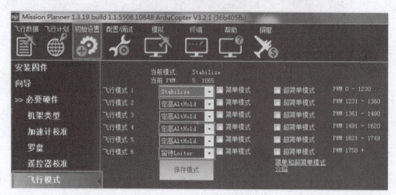

图 3-34　飞行模式校准

如图 3-35 所示为初步设置的 6 个不同的模式，其中模式 6 建议设置为 RTL，也就是"返航"模式。

飞行模式 1	AltHold
飞行模式 2	Stabilize
飞行模式 3	Loiter
飞行模式 4	Stabilize
飞行模式 5	Stabilize
飞行模式 6	RTL

分别有定高、定点、自稳等模式，按照自己需要的模式设定在各个通道即可

图 3-35　模式说明

a. Stabilize mode：自稳模式，是飞控的基本模式。它会根据飞行器的姿态和运动情况，自动调整飞行器的舵面或螺旋桨的转速，以抵消外界干扰和飞行员的操作失误，从而使飞行器能够保持平稳的飞行状态。

需要注意的是，此模式是飞控姿态控制功能的基本功能体现，在进行所有其他模式之前，首先对此模式进行调试和试飞。起飞时，由于气流的涡旋作用，飞行器离地瞬间会有姿态乱的时候。

b. Altitude Hode：定高模式。当切换到此模式时，飞行器自动保持当前飞行高度，俯仰、滚转和方向则由遥控器控制。需要注意的是，飞控使用气压传感器来控制高度，如果因为天气变化导致气压传感器输出发生变化，飞行器的高度也会随之变化。

c. Land mode：直降模式。进入直降模式后，飞行器从当前高度以 0.5 m/s 的速度自动降落，直至判断飞行器落地，自动关闭电机。在下降的过程中，飞行器的俯仰和滚转可控。

⑥失控保护设置。失控保护是一种重要的安全功能，它能在飞行器失去遥控器信号或其他预设的失控条件下自动采取措施，如返航或降落，以确保飞行器和操作者的安全。打开遥控器，下

拉油门摇杆右侧的微调按钮至最小，长按 MODE 键进入基础菜单，进入失控保护设置，光标切换到油门，边下拉油门摇杆到最大，边长按 PUSH 按钮确认。设置成功时，油门的百分比应该在 3％左右，返回到最上层界面，上拉油门摇杆右侧的微调按钮，其值直接归零。

触发飞控失控保护的条件有两个：

（1）电量过低失控保护，如图 3-36 所示。

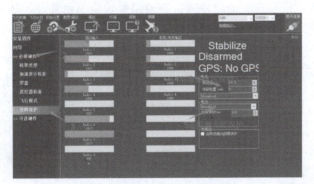

图 3-36　电量过低失控保护设置

（2）遥控信号丢失保护（油门 PwM 过低），如图 3-37 所示。

四、多旋翼无人机动力系统调试

多旋翼无人机动力系统包括电池、电调、电机和桨叶，动力系统的调试主要是对电调进行调试。先做遥控器校准，再做电调校准。

1. 电调校准

电调的校准方法有同时校准和逐个校准两种。

（1）电调同时校准。安全检查，确保螺旋桨未安装、飞控 USB 未连接计算机、锂电池未连接，标志如图 3-38 所示。

打开发射器，将油门推至最大，如图 3-39 所示。

图 3-37　遥控信号丢失保护设置

图 3-38　同时校准标志

图 3-39　油门推至最大

连接锂电池，为飞控供电，如图 3-40 所示，此时飞控器红、蓝、黄 LED 灯循环闪烁，表示可以开始校准。

保持发射器油门最大，断开锂电池，如图 3-41 所示，再重新插上。按下解锁开关，直到解锁开关亮红灯。

图 3-40　连接锂电池

图 3-41　断开锂电池

已进入校准模式。记录最大油门位置。将油门推到最小位置处，如图 3-42 所示。记录最小油门位置已被捕捉，校准完成。

（2）电调逐个校准。确保螺旋桨、USB 都未连接；将电调的数据线直接连接 RC 遥控接收器的油门通道；打开发射器，将油门推至最大；连接锂电池；将油门推至最小；电调校准完成；断开电池。

2. 电机测试

如果电调已经校准完成，接下来就可插上电池进行测试。注意：不要安装螺旋桨。确保发射器打到"自稳模式"。解锁，稍微加油门，电机会同时启动，以同样转速旋转。如果不同时、不同速，说明电调没有校准好。应先校准电调再返回测试电机。

图 3-42　油门推到最小位置

上锁：飞行器的解锁和上锁是一种安全举措。飞行器起飞前，要进行解锁；飞行器落地后要上锁。飞行器的解锁、上锁通过遥控器操作完成。

飞行模式共有 14 种，常用的有 10 种，本书只对最常见的六种通用模式进行调试，具体如图 3-43 所示。

3. 飞行模式调试

（1）自稳模式调试。自稳模式是最常用的飞行模式。根据在自稳模式下飞行的要点，得到自稳模式最佳飞行效果的调试方法。自稳模式下飞行的要点如下所述。

| 自稳模式调试 |
| 定高模式调试 |
| 悬停模式调试 |
| 返航模式调试 |
| 自动模式调试 |
| 降落模式调试 |

①飞手用 Roll 与 Pitch 摇杆操作、控制飞行器的倾斜角度，当飞手松开 Roll 与 Pitch 摇杆时，飞行器将会自动水平。

②在有风的环境中，飞手需要不断地修正 Roll 与 Pitch 摇杆以使模型定点停留。

③飞手用 Yaw 摇杆操作、控制转向速率，当飞手松开 Yaw 摇杆时，飞行器将会保持它的朝向不变。

图 3-43　常见六种通用模式

④飞手的油门输入控制马达的平均转速，这意味着如果想保持高度，需要不断地修正油门。

⑤油门输入会根据模型的倾斜角度自动调整（例如，在模型倾斜过大时会自动增大油门），以弥补飞手操作飞行器倾斜所带来的高度变化。

在自稳模式的飞控调试中，需要重点调试 PID 参数值，测试飞行器对于 Roll 和 Pitch 输入信号的响应速度，以及实际与期望 Roll 与 Pitch 角度之间的误差。

P 值越高，飞行器的修正与响应速度越快，但过高的 P 值会导致飞行器前后震荡。P 值越低，飞行器的修正与响应就会越慢，过低的 P 值度会导致飞行器反应缓慢，在有风的情况下甚至会导致坠机。

Rate Roll/Pitch 的 PID 参数会影响马达的输出性能，可以采用自稳（角度）控制器期望的飞行器倾斜速率控制飞行器马达。这些参数与飞行器的自身动力相关，动力较大的飞行器，一般需要比较小的 Rate PID 值。

（2）定高模式调试。在高度保持（简称定高）模式下，可以在保持高度的同时允许控制 Roll、Pitch、Yaw。在该模式下，主板会自动控制油门，从而保持高度不变。Roll、Pitch 和 Yaw 的操作与自稳模式一样，都是直接控制飞机的转动角度和朝向。

飞控使用气压高度计测试结果作为高度基准，如果在飞行区域的气压出现变化，飞行器的飞行高度将会受气压的影响而不准确，飞行高度就不是实际的高度。

飞手可以通过油门控制飞行器爬升和下降速率。具体控制过程如下：

①油门位于中间死区（40%～60%），飞行器会保持当前高度。

②当油门位于最小位置时，飞行器会以 2.5 m/s 速度下降；当油门位于最大位置时，飞行器以 2.5 m/s 速度爬升，通过 PILOT VELZ MAX 参数可调节此值。

③修改 THR_DZ，可以调节死区大小（AC3.2 以上版本适用）。参数值介于 0～400。0 表示无死区，100 表示死区为±10%，400 表示死区为±40%。

在定高模式下需要调节的参数如下：

a. Altitude Hold 参数：P 为高度调节增益，也就是高度差（目标高度与实际高度）所对应的飞行器期望爬升（或下降）速率。P 越大，定高能力越强，P 过大，会造成反应过猛。

b. Throttle Rate 参数：P/D/油门开度，对应爬升或下降的加速度，不需要调节。

c. Throttle Accel PID 参数：主要将目标加速度和实际加速度差转化为电机输出，P：I 一般保持为 1：2 的关系。对于动力强劲的飞行器需要减小 50%，这样可能会获得更好的效果（采用 P 值为 0.5，I 值为 1），参数设置界面如图 3-44 所示。

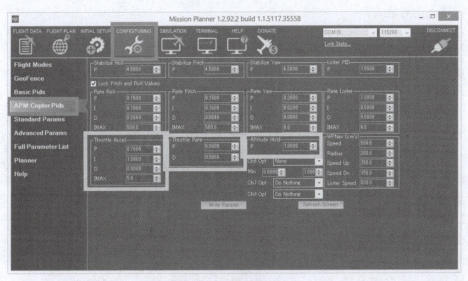

图 3-44　参数设置界面

定高性能分析：在调试过程中检查高度保持的性能，最好的方法是从飞行器上下载飞行日志，然后用 Mission Planner 打开，在图形化界面中查看 CTUN 信息的气压高度（BarAlt）、目标高度（wPAlt），以及 GNSS 信息的相对高度（RelAlt）。在定高性能正常情况下，数据曲线如图 3-45 所示。根据该曲线，可对定高模式下的无人机作出正确调试。

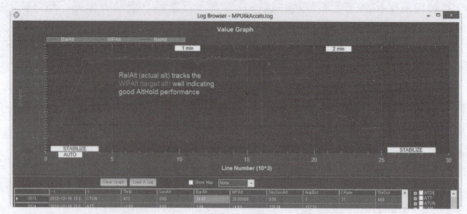

图 3-45　数据曲线

在定高模式调试过程中的常见问题及解决方法如下：

①使用定高模式时，剧烈震动可能导致飞行器迅速上升。

②飞行器缓慢下降或上升，直到控制其稳定才会正常。这种情况是由于油门摇杆没有在中间位置导致的。其通常发生在从手动飞行模式（如稳定模式）切换到定高模式时，没有在中挡悬停一会导致的。

③定高模式开启时，电机出现短暂停顿后很快恢复正常。这通常发生在快速攀爬时进入定高模式。在飞行器转换到定高模式时会设定目标高度，但由于上升太快超出了预定位置。保持高度的控制器，暂时"急刹车"减速，直到开始退回到目标高度。解决方法是在飞行器稳定时再进入定高模式。

④在地面站显示的高度不准确，偶尔会出现负高度。这是由于气压的变化造成飞行器跑偏，高度向上或向下几米且持续很长的时间。

高速向前飞行超出预定高度后，瞬时显示高度降低 1～2 m。这是由于空气动力学效应，在飞行控制器上形成瞬时低压，高度保持控制器认为它是向上爬，所以执行下降命令调整。

⑤飞行器接近地面或降落时，高度保持性能变得不稳定。这种情况可能是由螺旋桨涡流导致压力发化。解决方案是使飞行控制器远离螺旋桨涡流影响，或在适当通风的罩内保护它。

⑥强光照射气压计会引起突然的高度变化。

（3）悬停模式调试。在悬停模式下，飞控器会自动保持飞行器的位置、方向、高度不变，GPS 安装、罗盘抗干扰、机架震动都会对悬停性能产生影响。

在 Mission Planner 双击快速查看窗口（Quick screen），定高值会在右边检查框清楚地显示出来，如图 3-46 所示。

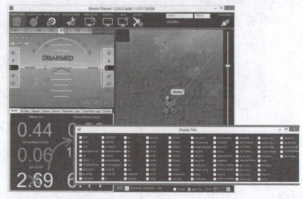

图 3-46　参数调整

悬停模式下主要是进行参数的设置，具体如下。参数设置界面如图 3-47 所示。

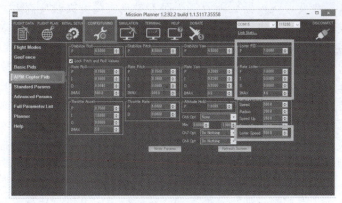

图 3-47 参数设置

①最大水平速度设置。

②将目标位置实际位置差转化成目标速度。

③目标速度转化成目标加速度。

悬停性能分析：在调试过程中查看悬停水平的性能，最好的方法是从飞行器下载闪存日志，用 Mission Planner 打开，查看 NTUN 曲线图信息：DesVelX 曲线与 VelX 曲线和 DesVelY 曲线与 VelY 曲线。在飞行器性能良好时，实际速度和期望速度曲线对比如图 3-48 所示。可以以此曲线为依据对悬停模式下的无人机作进一步调试。

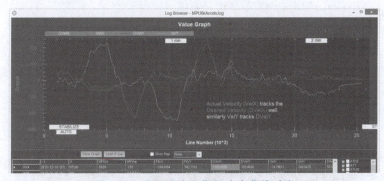

图 3-48 实际速度和期望速度曲线对比

悬停模式是定高模式和高度控制的结合。其调试过程中的常见问题及解决方法如下所述。

①模型转圈，通常是由于罗盘问题，最有可能的是飞行控制器下的电源电缆电磁干扰导致的。

②模型一进入悬停模式，就飞错方向。原因和问题①相同，且罗盘误差大于 90°。

③模型正常悬停时，突然乱飞。这通常是由于 GNSS 短时脉冲干扰导致的。在飞行前，需要设置安全的定高值，以减少悬停带来的安全隐患。

（4）返航模式调试。当切换到返航模式时，默认情况下，在返航之前，飞行器会首先飞到至少 15 m 的高度，如果当前高度更高，就会保持当前高度。

返航依赖于 GNSS 的动作，因此在试图使用这个模式之前，完成 GNSS 定位。返航将命令飞行器返回解锁时的位置，解锁位置应该是飞行器的 GNSS 实际起飞位置，没有障碍物并且远离人群。

在返航模式下，飞控主要使用测量空气压力的气压计决定高度（"压力高度"），并且如果在飞行区域内气压改变，飞行器会随着气压而不是真实高度去改变高度。

（5）自动模式调试。在自主（自动）模式，飞行器将会按照任务脚本飞行，需要预先编写并储存在自动驾驶仪上，包含自主导航航点、命令、事件。任务脚本可以是一组航点，也可以是非常复杂的动作，如起飞、旋转 x 次、照相等。

目前有两种方法进入自动模式：在空中或在地面上。如果从地面使用自动模式起飞，需要一个安全装置防止任务脚本执行，直到解锁然后首次抬高油门，防止出现在不小心碰到模式开关时飞行器就起飞的现象。从地面使用自动模式起飞时，会将最近一次的定高油门值作为油门控制的基准。在空中时切换到自动模式，会使飞行器前往第一个目标高度，然后开始执行当前的任务脚本。

任务脚本完成之后，飞行器不会飞回到返回地，它只会悬停在最后的脚本所在位置，直到通过模式开关重新获得控制。如果需要手动降落然后锁定电机（比预编程的自动降落命令更好），必须切换到自稳模式飞回到返回地。

使用自动模式时，选择一个希望飞行器返回的位置（没有障碍物并远离人群）来解锁非常重要。不能在自动模式手动降落，因为此时是由油门摇杆控制高度，并不是直接控制电机。

自动模式的调试内容如下：

①设置两个航点间的飞行速度，两个航点间的默认速度为 6 m/s。

②设置飞行器在两个航点间保持期望的飞行速度，包括用于倾斜飞行器以达到期望飞行速度的速率和用于补偿飞行器达不到期望速率的力。

（6）降落模式调试。在降落模式下，飞行器将垂直下降，下降过程中使用常规定高控制器，用户可通过 Mission Planner 修改参数，如图 3-49 所示。

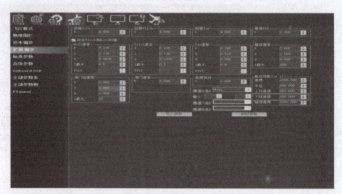

图 3-49 参数设置

在 10 m 内，飞行器会以 LAND_SPEED 参数规定的速率下降，如图 3-50 所示。

图 3-50 参数设置

飞行器到达地面时，如果飞手的油门位于最低位置，飞行器就会自动关闭电机并锁定飞行器。

如果在落地或关掉螺旋桨之前，飞行器出现上跳或像气球一样回升的情况，尝试降低 LAND _ SPEED 参数值。

如果模型的 GPS 已经定位，降落控制器会尝试控制它的水平位置，但是飞手可以调整目标水平位置，同悬停模式。

如果模型的 GNSS 并没有定位，水平控制的工作方式就如同自稳模式，但是飞手可以操控飞行器 Roll 和 Pitch 的倾斜角度。

4. 飞行解锁和上锁

解锁步骤如下：

（1）开启 RC 遥控发射器。

（2）插上电池，陀螺仪自检，这时红蓝灯会闪烁数秒，勿动无人机。

（3）等待预加载安全检查自动运行。

（4）检查飞行模式开关处在"自稳模式""手动模式""定高模式"或"悬停模式"。

（5）按下解锁开关（安全开关）。

（6）如果使用 Autopilot（自动驾驶，如 Loiter、RTL、Drift、Auto or Guided modes），要等待 30 s，等待 GNSS 位置锁定。

（7）将油门（Throttle）拉下，并转向右，保持 5 s。首次需要花费 5 s，因为要重新初始化陀螺仪和气压计。

（8）加载成功，调节螺旋桨转动速度。

（9）推动油门，起飞。

上锁步骤如下：

（1）确认飞行模式处在"自稳模式""手动模式""定高模式"或"悬停模式"。

（2）拉下油门，并转向左，保持 2 s。

（3）Pixhawk 版本绿灯闪烁。

（4）PX4 版本，按下安全开关直到 LED 灯开始闪烁。

（5）断开电池。

 任务实施

任务场景	Pixhawk 飞控调参
任务分组	学生 4~6 人一组，按照组间同质、组内异质进行分组，并推选组长，组长明确成员分工，相互配合完成任务
实施过程	1. 安装飞控驱动与地面站软件（下载方法）。 2. 连接飞控与地面站软件（设置哪些参数）。 3. 飞控固件加载和升级（升级方法）。 4. 加速度计校准（校准方法）。 5. 罗盘校准（校准方法）。 6. 遥控器校准（校准方法）。 7. 电调校准（校准方法）。 8. 电机测试（测试方法）。 9. 飞行模式调试（校准方法）。 10. 飞行解锁和上锁

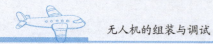

任务要求	1. 各组独立完成。 2. 各组以视频形式记录调试过程
任务反思	1. 在个人素养提升方面有哪些收获？ 2. 在任务实施中有哪些需要提高的方面？ 3. 以上调试实施过程，是否可以颠倒？为什么？

任务评价

序号	评价项目	评价指标	分值	自评 30%	互评 30%	师评 40%	合计
1	职业素养 （30分）	制订计划能力强，严谨认真	5				
		责任意识、服从意识强	5				
		团队合作、交流沟通、分享能力强	5				
		遵守规范	5				
		完成任务积极主动	5				
		采取多种手段收集信息、解决问题	5				
2	专业能力 （60分）	能完成 Pixhawk 飞控系统的调试	15				
		能完成加速度计校准	15				
		能完成罗盘校准	15				
		能完成遥控器校准	15				
3	创新意识 （10分）	具备创新性思维和行动	10				
	合计		100				
	综合得分						

巩固练习

1. 飞控调试最重要的是_____。

2. Pixhawk 有_____飞行模式可选，在遥控器上选择一个2挡开关和一个3挡开关，进行关联设置，可组合得到6个不同挡位。当2挡开关处于第1挡位时：3挡开关的_____，分别对应模式1/3/5；当2挡开关处于第2挡位时，3挡开关的1/2/3挡，分别对应模式_____。

3. 四轴飞行器在控制过程中需要控制的动作路数有_____、_____、_____、_____。

4. 在多旋翼无人机中，副翼用来控制和改变机身滚转方向的_____。

5. 方向舵（Rudder）用于改变机头的朝向。在飞行中，驾驶员更直观的感受是机身在做自旋转运动，因此，平时也大多称方向舵为_____。

任务二　地面站的设置

 学习目标

知识目标
1. 熟悉地面站的功能、系统组成、分类。
2. 掌握 MP 地面站主界面的内容。

能力目标
1. 能对 MP 地面站软件进行设置。
2. 能初步对 MP 地面站进行调试。
3. 能进行航线规划。

素养目标
1. 培养创新性解决方案的能力。
2. 培养克服困难和挫折的耐心和毅力。

 任务导入

无人机地面控制站是无人机系统非常重要的组成部分，是地面操作人员直接与无人机交互的渠道。它包括任务规划、任务回放、实时监测、数字地图、通信数据链在内的集控制、通信、数据处理于一体的综合能力，是无人机系统的指挥控制中心。

知识储备

一、地面站

指挥控制和任务规划是无人机地面控制站的主要功能。地面站（Ground Control Station，GCS），又称遥控站或任务规划与控制站，是具有对无人机飞行平台和任务载荷进行监控和操纵的能力，包含无人机发射和回收控制的一组设备。在规模较大的无人机系统中，可以有若干个控制站，这些不同功能的控制站通过通信设备连接起来，构成无人机控制站系统，如图 3-51 所示。

图 3-51　无人机控制站系统

1. 地面站的功能

（1）飞行器的姿态监控。通信链路会把无人机上的信息传回地面站，地面站也能通过通信链路把控制信息传到无人机。机载传感器将获得的相应的飞行器飞行状态信息传输到地面站，地面站的主计算机对这些信息进行处理，并在地面站上显示出来，地面人员会根据这些信息，对无人机进行手动控制，或者由主计算机自动对无人机进行控制。

（2）有效载荷数据的显示和控制。有效载荷是无人机任务的执行单元。地面控制站根据任务要求实现对有效载荷的控制，并通过对有效载荷状态的显示来实现对任务执行情况的监管。

（3）任务规划、飞行器位置监控及航线的地图显示。任务规划主要包括处理任务信息、研究任务区域地图、标定飞行路线，以及向操作人员提供规划数据等。飞行器位置监控及航线的地图显示部分主要便于操作人员实时地监控飞行器和航迹的状态。

（4）导航和目标定位。无人机在执行任务过程中通过无线数据链路与地面控制站之间保持联系。在遇到特殊情况时，需要地面控制站对其实现导航控制，使飞机按照安全的路线飞行。随着空间技术的发展，传统的惯性导航结合先进的卫星定位导航技术成为无人机系统导航的主流导航技术。

（5）与其他系统的通信链路。通信链路用于指挥、控制和分发无人机收集的信息。随着计算机和网络技术的发展，现行的通信链路主要借助局域网来进行数据的共享，这样与其他组织的通信不单纯是在任务结束以后，更重要的是在任务执行期间，使地面站当前的工作更加有效。

2. 地面站的构成

一个典型的地面站由一个或多个操作控制分站（通常用于远程无人机）组成，主要实现对飞行器的控制、任务控制、载荷操作、载荷数据分析和系统维护等。

地面控制站内的飞行控制席位、任务设备控制席位、数据链管理席位都设有相应分系统的显示装置，因此需要综合规划，确定所显示的内容、方式、范围。地面站主要由中央处理单元、显示控制单元、通信单元和辅助单元组成。

（1）中央处理单元。它包括硬件和软件，硬件由一台或多台计算机组成，主要功能：获得并处理从无人机发来的实时数据；显示处理；确认任务规划并上传给无人机；电子地图处理；数据分发；飞行前分析；系统诊断。软件需要实现上述的各种功能，而且需要有一个良好的人机界面。

（2）显示控制单元（图 3-52）。它包括飞行显示控制和任务载荷显示控制部分，或者两者合二为一。它由一个或多个显示器、一个或多个操作台组成。显示器可以显示飞行参数、飞行轨道、飞行视频或载荷视频等。

图 3-52　显示控制单元

（3）通信单元。简单的无人机系统由机载设备、地面设备组成，复杂的无人机系统的无人机和地面站都是通信链路上的一个节点，通常由发送上行链路信号的天线和发射机、接收下行链路信号的天线和接收机组成。近程无人机采用全向辐射天线，中远程无人机使用定向天线，定向天线需要随动装置，使天线一直指向无人机。

（4）辅助单元。其包括无人机的起飞/回收装置、供电系统、运输载具等。

3. 地面站的分类

按照地面站的构成，可以分为简易型地面站和专业型地面站。

（1）简易型地面站采用手机或笔记本计算机作为显示和控制单元，与通信模块和飞行控制单元共同组成。

①微型和轻型无人机，特别是消费级无人机，采用手机作为显示和控制单元的居多，因为这样能降低产品的成本。手机安装相应的地面站软件后，可以对无人机进行操控，如设定航点、控制拍摄等，如图 3-53 所示。

②小型无人机，采用笔记本计算机作为显示和控制单元，配合传输距离更远的通信模块，以适应小型无人机更广阔的作业空间。采用笔记本计算机，配合地面站软件，可以实现比手机型地面站更多的功能，如图 3-54 所示。

图 3-53 简易型地面站（一）

图 3-54 简易型地面站（二）

（2）专业型地面站的显示控制单元和通信单元通常会针对无人机产品进行特别的设计制造，计算机也多采用可靠性更好的工业计算机。专业型地面站的可靠性、操作的方便性、人机界面的友好性都比简易型地面站更优越。专业型地面站也可以分为便携式和车载式。

①便携式地面站的计算机、显示控制单元、通信单元都装在一个体积不大的箱子里，便于携带，或者是一个带屏幕、通信单元的操控板。箱式地面站上盖有显示屏和通信天线，下面部分是控制单元，包括操纵手柄、各种功能开关及鼠标、键盘等。使用时，打开上盖，展开通信天线，连接好电源（也可以采用箱内的蓄电池），就可以开始工作了，如图 3-55 所示。

中、大型的无人机，地面站要实现更多的功能，单凭一个小箱子不足以完成。显示屏需要显示更多的飞行参数、地图、任务载荷数据等，通信单元需要完成更远距离的可靠通信，需要功能更多和效率更高的天线。这些设备甚至需要多台车辆才能装载。

②车载式地面站可以设计成方舱式，系统由不同功能的方舱组成，便于组合成不同的产品，如图 3-56 所示。

图 3-55 专业型便携式地面站

图 3-56 专业型车载式地面站

二、Mission Planner 地面站软件

Mission Planner（简称 MP）地面站软件是一种开源软件，可以用于 APM、Pixhawk 等开源飞控。Mission Planner 的中文意思是任务规划者。

MP 可以用于无人机，包括固定翼、多旋翼、直升机，甚至可以用于地面无人车辆。MP 软件有多个版本，其中包括汉化版本。

1. MP 的特点

（1）刷新固件。因为飞控的功能很丰富，可以控制固定翼，也可以控制多旋翼等飞行器，还可以控制地面车辆等无人器件。新的飞控也许只是一个没有写入固件的硬件，需要写入相应的固件，例如，要控制多旋翼飞行器，就需要把多旋翼飞行器的固件写到飞控中。

（2）设定、配置、调整飞行参数。MP开放给用户的参数有数百个，用户可以根据飞行器的规格、动力特性、任务特点而进行设定、配置、调整，以使无人机达到最佳的效果。当然，使用其默认设置，也是能够飞行的。

（3）规划航线功能。可以在MP的地图上，直接用鼠标选取航点，以进行无人机任务航线的规划，并能够下载到飞控中。

（4）记录功能。可以从飞控下载飞行数据，供用户进行分析，这个功能类似飞机上的黑匣子。

（5）实时监控功能。通过适当的数传电台与图传电台，可以监控、记录无人机的飞行参数，了解无人机的飞行状态。通过图传电台，还可以在飞行员视角下飞行。

2. MP地面站的主界面

MP地面站的主界面如图3-57所示。主界面上部左边是菜单，上部右边是连接选项。占显示大部分的是地图，可以自行调节显示比例。地图左下方显示有接收到的导航卫星数量和无人机所处的经纬度。

左边上部是平视显示器（简称平显），显示飞行员的仪表视觉，蓝天绿地中间的是地平仪，可以显示无人机的俯仰角度和倾斜角度，非常直观。平视显示器顶部的直线显示的是航向角度，左边的垂直刻度显示的是无人机的速度，右边的垂直刻度显示的是无人机的高度。

左边下部是飞行数据，显示飞行速度、高度、升降速度、航向等数据。这些数据在平视显示器中也有显示，但不如下部显示得那么精确与明显。

图 3-57　MP 地面站的主界面

三、地面站配置调试与航线规划

1. 连接飞控

飞控不接电源，直接用USB线连上计算机，由USB对飞控进行供电。查看计算机属性，单击"设备管理器"，在"端口"查看飞控的端口号，如图3-58中端口号是COM3。在MP右上角选择COM3端口，注意右边的波特率是115 200，单击"连接"按钮，飞控和计算机会进行连接。连接后，连接符号（一对插头）会由红白色变为绿白色。这时，无人机的数据会显示在MP主界面上，屏幕右边会显示无人机所处位置的电子地图。拿起无人机摆动一下，屏幕左边的平视显示器上的状态会跟着改变。

如果在"设备管理器"中未能看到飞控的端口，有两种可能：一种可能是 USB 线有问题，一些 USB 线仅有充电功能，没有数据功能，可以换一根数据线试试；另一种可能是飞控的驱动有问题，在安装 MP 软件时，未能正确安装飞控的驱动软件，可以单独下载并安装相应的飞控驱动软件。

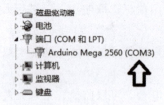

图 3-58　查看通信口并连接

2. 初始设置

"初始设置"菜单如图 3-59 所示。在"初始设置"菜单中，可以对飞控进行固件的安装。

单击"向导"按钮，软件会按照必要硬件配置顺序依次执行机架类型检查、加速度计校准、罗盘校准、遥控器校准、电调校准、飞行模式设置及故障保护设置。

如果不单击"向导"按钮，也可以自行单击下面必要硬件的项目，进行设置。

可选硬件是指无人机在飞行中可以不安装的硬件，如果安装了，需要单击相应的项目进行设置。其中，"声呐"是指超声波传感器。

图 3-59　"初始设置"菜单

3. 配置调试

在"配置调试"菜单中，可以进行深入的参数设定与调试，在 MP 中，用户可以调整数百项参数。在这个菜单中，参数的详细内容是没有汉化的，需要了解清楚参数的内容、各个选项的意义。改变这些深入的参数数值，MP 软件并不会进行错误检查，而会直接下载到飞控中。因此，对"配置调试"菜单中的修改，一定要非常谨慎，只有对这些参数的内容和数据非常熟悉，才可以进行调整与修改。

4. 规划航线

在 MP 的"飞行计划"菜单中，可以设置自动飞行的航线。

规划航线很简单，直接在地图上单击所规划的点，选择完点后，再完善参数（图 3-60）。H 为起飞点的位置，即无人机的"家"，这是无人机上电后搜索导航卫星进行定位的位置。如果是未连接无人机时规划的航线，那么需要在起飞地点再重新确定 H 点的位置，重新把航点数据下载到无人机。

图 3-60　规划航线

在航点参数设置界面中，第一个命令是起飞（TAKEOFF），高度（Alt）数据填入"25"，即无人机起飞后飞到 25 m 高，再飞向下一个航点，如图 3-61 所示。第二个命令是航点（WAYPOINT），是指无人机直接飞到该点并达到设定的高度（设定为 100 m）。距离数据为 91.4 m，是指从 H 点到航点 2 的飞行距离。方位角为 56°，是指 H 点指向航点 2 的航向角度，如图 3-62 所示。

图 3-61　航点命令与参数（一）

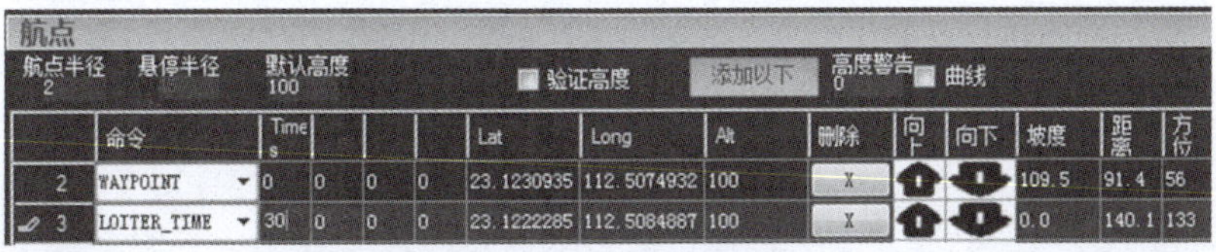

图 3-62　航点命令与参数（二）

航点 3 的命令设置为定时悬停（LOITER _ TIME），定时参数（Time）填入 30 s，即无人机飞到航点 3 后，会悬停 30 s 再飞向下一个航点。高度数据保持 100 m。

航点 4 命令为绕圈悬停（LOITER _ TURNS），圈数（Turn）设置为 2，半径（Rad）设置为 15，即无人机飞到航点 4 后，以 15 m 的半径绕飞两圈后再飞向下一个航点，如图 3-63 所示。

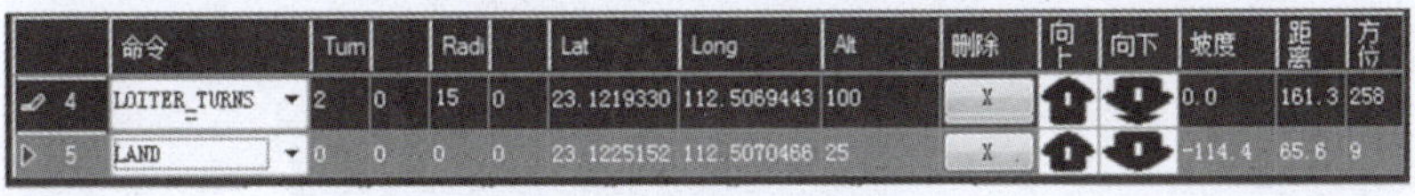

图 3-63　航点命令与参数（三）

航点 5 的命令设置为着陆（LAND），高度参数设置为 25 m，即无人机从航点 4 飞向航点 5，到达航点 5 时高度降为 25 m，然后从航点 5 开始飞回 H 点降落。

任务规划时，也可以逐点用鼠标右键设置，直接在右键菜单中选择命令并输入参数。

任务航线规划好后，可以单击右边的"保存航点文件"，如果以后再有相同的任务，就可以直接调出来使用。如果有类同的任务，可以把文件调出来进行修改，变成新的任务，减小工作量。

单击右边的"加载航点文件"，可以把保存在计算机中的文件调出来，直接使用。

单击右边的"写入航点"，把规划好的自动飞行航线下载到飞控中，当操作者通过遥控器触发自动模式时，无人机会按照设定好的航线进行飞行。单击右边的"读取航点"，可以把无人机飞控中的航点信息下载到计算机中。

任务实施

任务场景	地面站配置调试与航线规划
任务分组	学生 4～6 人一组，按照组间同质、组内异质进行分组，并推选组长，组长明确成员分工，相互配合完成任务
实施过程	1. 连接飞控，写出连接方法。 2. 初始设置，写出设置哪些参数。 3. 配置调试，写出调试内容与方法。 4. 规划航线，说出航线规划的方法
任务要求	1. 各组独立完成。 2. 各组以视频形式记录调试过程
任务反思	1. 在个人素养提升方面有哪些收获？ 2. 在任务实施中有哪些需要提高的方面？ 3. 怎样把航点数据下载到无人机？

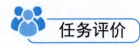 任务评价

序号	评价项目	评价指标	分值	自评 30%	互评 30%	师评 40%	合计
1	职业素养 （30分）	制订计划能力强，严谨认真	5				
		责任意识、服从意识强	5				
		团队合作、交流沟通、分享能力强	5				
		遵守规范	5				
		完成任务积极主动	5				
		采取多种手段收集信息、解决问题	5				
2	专业能力 （60分）	能完成地面站初始设置	15				
		能完成地面站配置调试	15				
		能利用地面站进行航线规划	15				
		能准确地描述自己的优缺点，正视差距所在	15				
3	创新意识 （10分）	具备创新性思维和行动	10				
	合计		100				
	综合得分						

 巩固练习

1. 无人机地面站显示系统应能显示（　　）信息。

A. 无人机飞行员状态　　　　　　　　　B. 飞行器状态及链路、载荷状态

C. 飞行空域

2. 地面站地图航迹显示系统可为无人机驾驶员提供飞行器的（　　）等信息。

A. 飞行姿态　　　　　　B. 位置　　　　　　C. 飞控状态

3. （　　）主要是制定无人机飞行任务，完成无人机载荷数据的处理和应用，指挥中心/数据处理中心一般是通过无人机控制站等间接地实现对无人机的控制和数据接收。

A. 指挥处理中心　　　　　　　　　　　B. 无人机控制站

C. 载荷控制站

4. （　　）主要由飞行操纵、任务载荷控制、数据链路控制和通信指挥等组成，可完成对无人机机载任务载荷等的操纵控制。

A. 指挥处理中心　　　　　　　　　　　B. 无人机控制站

C. 载荷控制站

5. （　　）只能控制无人机的机载任务设备，不能进行无人机的飞行控制。

A. 指挥处理中心　　　　　　　　　　　B. 无人机控制站

C. 载荷控制站

任务三　数传电台的设置

 ## 学习目标

知识目标

1. 了解数传电台的构成和原理。
2. 熟悉数传电台的工作方式。

能力目标

1. 能正确选择数传电台的工作方式。
2. 能对 3D 数传电台进行设置。

素养目标

1. 培养坚持不懈的意志与品质。
2. 培养创新性解决问题的思路与方法。

 ## 任务导入

无人机在空中飞行时,地面的操作人员需要监控和操作无人机,这就需要把无人机的飞行参数和任务载荷的相关数据、影像传输到地面站。地面的操作信号也需要传输至无人机,使无人机执行。也就是说,无人机和地面操作人员之间,需要一个传递信息的器件,担负这一任务的就是通信传输设备,即数据传输电台,简称数传电台。

 ## 知识储备

数传电台(radio modem)又可称为"无线数传电台""无线数传模块",是指借助数字信号处理(DSP)技术和软件无线电技术实现的高性能专业数据传输电台,如图 3-64 所示。数传电台的使用从最早的电报、按键电码、模拟电台加调制解调器(modem),发展到目前的数字电台和 DSP、软件无线电。传输信号也从代码、低速数据到高速数据,可以传输包括遥控遥测数据、数字化语音、动态图像等业务。目前使用的数据传输电台,主要有模拟电台加调制解调器、数字电台、网络图像电台等。

广义上说,只要是用来传输数字数据的无线电台,都可以称作数传电台。在民用无人机领域中,一般把传输非图像数据,特别是用于传输飞行参数、任务参数的电台称为数传电台,简称数传;而把专门用于传输图像的电台称作图像传输电台,简称图传,包括采用模拟信号而不是数字信号传输图像的模拟电台。

图 3-64　数传电台

实际上，数传电台在无人机上的应用只是其应用的一小部分，数传电台广泛地应用于社会经济的各个领域。典型的应用领域有电力负荷监控系统、配网自动化系统、水文水情测报系统（流域防汛监测系统）、自来水管网监测系统、城市路灯监控系统、铁路信号监控系统、热网监控系统、输油供气管网监测系统、卫星定位导航应用系统、集中抄表系统、地震测报系统、无线电子称重系统（主要用于港口码头的装卸作业）、自动报靶系统、无人机控制系统、防火防盗系统及环境监测系统等自动化系统。

1. 数传电台的构成和原理

数传电台由装在无人机上的空中端和装在地面的地面端组成，无论是空中端还是地面端，都是由发射-接收模块和天线组成的。发射-接收模块与无人机飞控或地面站计算机相连，把接收到的数据传送给计算机或飞控处理，把计算机或飞控传送过来的数据发射出去。

由于数据信号是一种脉冲信号，而脉冲信号所占用的频谱十分丰富，不能直接调制发射出去。为了实现在无线信道上的可靠、高速的数据传输，就必须在常规的超短波调频电台内部植入一个调制解调器，发送数据时通过该调制解调器把脉冲信号（数据信号）转换成模拟信号。接收时则正好经历一个相反的过程，通过调制解调器把接收到的模拟信号还原成一个个数据包。

2. 数传电台的工作方式

数传电台的通信是双向的，即空中端向地面发射数据信号，地面端也向空中端发射数据信号。数传的工作方式有单工、半双工和全双工三种。

单工就是数据只能从一端传输至另一端，而不能反过来，只是单向的数据传输，无人机发送飞行参数和任务参数的数据传输一般不采用这种方式。

半双工是数据可以双向传输，但同一时间，只能有一个方向的传输，即在同一个通信信道里，双方按预先约定轮流发送和接收数据。

全双工是数据在任何时候可以双向传输，即任意一端都可以同时发送数据给对方和接收对方发来的数据。全双工通信，需要有两个通信频道，即在 A 信道，是空中端发送数据，地面端接收数据；而在 B 信道，是地面端发送数据，空中端接收数据。一般地面站向空中端发送数据称为上行数据，空中端向地面站发送数据称为下行数据。采用全双工的数传电台，一般有两条天线，分别工作在发送频率和接收频率上。

3. 3DR 数传电台的设置

3DR 数传电台也是开源的，其产品有多个不同的版本。有的版本分空中端和地面端，主要区别是地面端有 USB 接口，而空中端没有。有的 USB 接口可以直接接入计算机的 USB 接口，有的是 MicroUSB，需要用数据线来连接。有的版本不分空中端和地面端，都有 TTL 口和 USB 口。虽然版本不同，但调试的方法都是一样的。

3DR 数传电台分为机载端和地面端两部分。常见的工作频段包括 433 MHz 和 915 MHz。这些频段的选择取决于具体的应用需求和环境条件。

设置方法如下：

第一步，在计算机上安装数传电台的驱动程序，根据计算机操作系统选择安装 32 位或 64 位的驱动。所有安装步骤使用默认选项，直到安装驱动程序完毕。安装成功后，打开控制面板上的"设备管理器"，记下端口号，如图 3-65 所示。

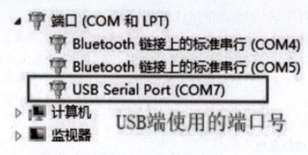

图 3-65　查看端口号

第二步，连接地面站。打开 Mission Planner 软件，执行"初始设置"→"可选硬件"→"Sik Radio"命令，在右上角的连接处选择刚才看到的端口号，速率改为 57 000，如图 3-66 所示。再单击"加载设置"按钮，成功后，右上角的连接符号也会由红白色变为一个绿色、一个白色，并在左边的本地参数中显示当前数据。

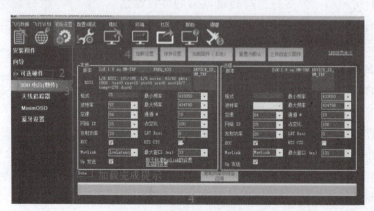

图 3-66　数传电台与地面站连接

第三步，加载固件。单击"加载固件（本地）"按钮后 MP 会自动升级数传固件。等待一段时间后，直到进程条显示 Success 表示升级成功，再查看当前版本号并与之前的版本号进行比较，如图 3-67 所示。

第四步，修改设置参数。波特率指的是设备与数传之间，或计算机与数传之间的通信速率，而空速指的是两个数传之间的通信速率。因此，空速必须大于或等于波特率，才能保证设备到计算机的数据不丢包。

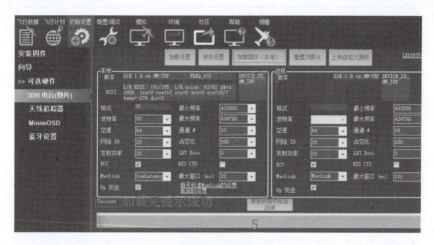

图 3-67　加载固件

设置或修改 ID 时，需确保地面端和空中端的 ID 完全一致，否则将无法连接。同时，应避免使用与其他用户相同的 ID 号。

修改发射功率时，需注意不同产品的最大功率是不同的，大功率产品可以设置为小功率工作模式。其中参数 10 为 250 mW，20 为 500 mW。

第五步，加载到设备中。参数设置完成后，单击"加载设置"按钮，把参数写到数传中，再单击"保存设置"按钮（图 3-68）。

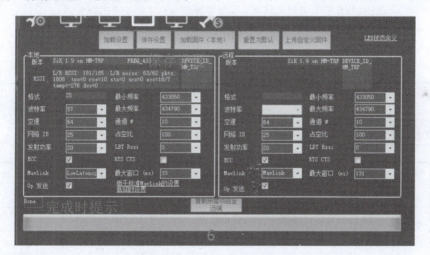

图 3-68　修改参数并加载到设备

用同样的方法设置另一个数传，要注意两个数传的参数要一致。

参数设置完成后，将地面端接入计算机，空中端接入飞控。上电后，两个数传开始工作。此时，在软件界面中，地面端和空中端的参数会同时在左、右边显示出来。

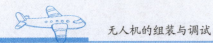

 任务实施

任务场景	3DR 数传电台的设置
任务分组	学生 4～6 人一组，按照组间同质、组内异质进行分组，并推选组长，组长明确成员分工，相互配合完成任务
实施过程	第一步，在计算机上安装数传电台的驱动程序。 第二步，连接地面站。打开 Mission Planner 软件，执行"初始设置"→"可选硬件"→"Sik Radio"命令。 第三步，加载固件。 第四步，修改设置参数。 第五步，加载到设备中。参数设置完成后，单击"加载设置"按钮，把参数写到数传中，再单击"保存设置"按钮
任务要求	1. 各组独立完成。 2. 各组以视频形式记录调试过程
任务反思	1. 在个人素养提升方面有哪些收获？ 2. 在任务实施中有哪些需要提高的方面？ 3.3DR 数传电台设置完成后，要怎样操作电台才能正常工作？

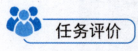 **任务评价**

序号	评价项目	评价指标	分值	自评 30%	互评 30%	师评 40%	合计
1	职业素养 （30分）	制订计划能力强，严谨认真	5				
		责任意识、服从意识强	5				
		团队合作、交流沟通、分享能力强	5				
		遵守规范	5				
		完成任务积极主动	5				
		采取多种手段收集信息、解决问题	5				

续表

序号	评价项目	评价指标	分值	自评 30%	互评 30%	师评 40%	合计
2	专业能力（60分）	明确数传电台的构成和原理	15				
		能理解数传电台的工作方式	15				
		能设置数传电台	15				
		能准确地描述自己的优缺点，正视差距所在	15				
3	创新意识（10分）	具备创新性思维和行动	10				
合计			100				
综合得分							

 巩固练习

1. 无人机需要把_____和任务载荷的相关数据、影像传输到地面站。

2. 3DR 数传电台也是_____源产品，其产品有多个不同的版本。

3. 数传电台由装在无人机上的_____和装在地面的地面端组成。

4. 数据可以双向传输，但同一时间，只能有一个方向的传输，即在同一个通信信道里，双方按预先约定轮流发送和接收数据，这是（　　）工作方式。

A. 单工　　　　　　　　B. 半双工　　　　　　　　C. 全双工

5. 3DR 数传的工作频率有（　　）。

A. 433 MHz　　　　　　　　　　　　　B. 915 MHz

C. 2.4 GHz　　　　　　　　　　　　　D. 433 MHz 和 915 MHz

任务四　图传的设置

 学习目标

知识目标

1. 了解图传电台的构成和原理。

2. 熟悉常用的视频参数。

3. 熟悉模拟信号与数字信号的概念与区别。

能力目标

1. 学会使用图传。

2. 能进行图传的安装与调试。

素养目标

1. 培养创新精神和探索欲望。
2. 培养克服难题、锻炼坚持不懈的意志品质。

 ## 任务导入

什么是无人机图传？图传即无线电图像传输，是通过无线电进行视频传输的装置，采用适当的视频压缩技术、信号处理技术、信道编码技术及调制解调技术，将无人机在空中拍摄的飞行或任务画面实时传输至驾驶员手中的显示设备上，使驾驶员在远距离飞行时能判断无人机的状态或进行任务控制。

有了图传电台，操作无人机就有了身临其境的感受，如果说飞控是无人机的"大脑"，那么图传电台就是无人机的"眼睛"了。

 ## 知识储备

一、图传电台

和数传不同，图传一般采用单工的方式，只需要从空中端发送图像信号到地面端，地面端不需要发送信号到空中端。

无人机图传系统的质量度，用于区分消费级无人机与行业级无人机。无人机图传系统（图3-69）已经成为行业无人机不可或缺的重要角色。与消费级无人机不同，行业级无人机承担行业特殊作业任务，但总体来说两者有共同特点，即在绝大多数任务场合都需要在远离现场的情况下实时、可靠地观察或获取现场图像及视频，而此时无人机图传系统就会显现出它的重要作用。一般按照设备类型来分，图传系统可分为模拟图传和数字图传，由于数字图传所传输的视频质量和稳定性都要远远高于模拟图传系统，因此，在工业应用中通常采用数字图传。数字图传根据其传输视频的像素分辨率不同，可细分为D1（720×576）、高清720 i/p（1 280×720）和全高清1 080 i/p（1 920×1 080）等级别。

目前，市面上的全高清图传主要支持1 080 i和1 080 p两种制式，帧率通常为25 fps、30 fps、50 fps和60 fps四种，带宽一般为4 MHz、6 MHz和8 MHz三种，实际码流速度则为2~12 Mbit/s不等，端到端的传输延迟也基本在400~1 200 ms，1 W发射功率的有效传输距离从几百米到20 km不等。

但即使是全高清级别的图传，就其传输制式、带宽、帧率、实际码流速度、传输延迟、有效传输距离方面来说也是有很大差别的。

需要说明的是，由于i/p制式（隔行/逐行）、帧率、实际码流速度、传输延迟及有效传输距离等指标的不同，观看回传视频或实际应用时，在图像画面细腻度、图像流畅度、图像大动态场景变化、图像色彩过渡柔和度及环境适应性等方面的用户体验差别是非常大的。

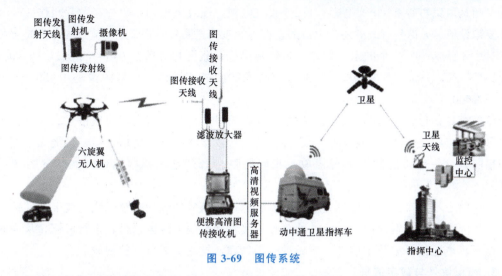

图 3-69　图传系统

消费级无人机图传系统与行业级无人机图传系统的主要区别在于系统的有效传输距离、系统的稳定性、系统的可靠性和系统的环境适应性等方面。行业级图传产品在这几个方面的指标要远远高于消费级图传产品，因此，行业级图传产品的设计思路、制造工艺和测试条件也是完全不同的。

图传产品的发展趋势是高分辨率、高帧率和更远的传输距离。目前，在整个无人机产业供应链条中，图传系统是无人机产业链中非常重要的一环。但由于技术门槛的限制，全国范围内，目前能提供高质量图传产品的厂家屈指可数，即使这几家厂家能提供图传产品，也并不都是掌握了图传核心技术。

1. 图传电台的构成

图传的组成部分主要有发射端、接收端和显示端三部分。发射端由摄像头、发射模块、天线组成，接收端由天线、接收模块组成，显示端可以是手机、显示器或计算机，如图 3-70 所示。有些微型的图传电台，将摄像头和发射模块，甚至天线都做成一体了。

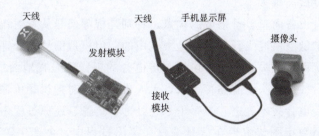

图 3-70　图传电台

2. 图传电台的原理

视频的传输和显示，其实是在很短的时间内把一幅幅图片进行传输与显示。由于人眼存在视觉暂留现象，当我们在很短的间隔内看到一幅幅连续拍摄的画面后，就会感觉到画面在运动，而不是一幅幅固定不变的图像。我们看到的电影、电视等视频，就是由这样一幅幅固定不变的图像组成的，只要每秒钟提供足够的图像画幅，我们的眼睛就会感觉到这是一个动态的视频。

视频是由每秒钟 24 张（电影）或 25 张（电视）图片组成的，每一张图片叫作一帧。

传输设备，无论是有线的还是无线的，都不能直接把图片一张张地传输过去，而是再把每一张图片分解成一个一个的点。例如，某种制式把一张图片分解为 640×480 点，即 480 行，每行 640 个点，一张图片共有 307 200 个点。现在的高清视频，每幅图像是 1 920×1 080，共 2 073 600 个点。

每一个点，包含亮度和 2 个色度信号。视频信号的传输，就是把视频信号的每一张图像上的每一个点的亮度和 2 个色度信号进行传输，接收端接收到这些信号后，再把逐个点还原成一幅图像，一幅幅的图像进行播放，我们的眼睛看到这一幅幅图像，就感觉图像在活动了。

上述信号不能直接进行远距离传输，需要把这些信号加载到高频无线电波上，即信号的调制，才能通过天线发射出去。远方的接收机接收到高频无线电信号，进行解调，从高频信号中还原出电压信号或数字信号，再做进一步处理，把它变成可见的视频。

3. 模拟信号与数字信号

视频信号或图像信号的最基本单元，就是每一个点的亮度和 2 个色度信号，即 3 个数据。如果用 3 个电压的高低分别来表示点的亮度和 2 个色度信号，那么这个信号就是模拟视频信号。电压信号是连续的，在其范围内可以是任意值，即模拟信号。接收端收到 3 个电压信号后，电路进行处理，就可以在屏幕上还原出这个点的亮度和颜色。

如果将每个连续电压信号分级，例如，由低到高分成 8 级，可以用 000 到 111 这 8 个 3 位二进制数字来表示。这样原来连续的电压信号就变成离散的信号了，即数字信号。

数字信号就是把原来的模拟信号，通过模拟-数字转换电路，转换为数字信号，进行传输。接收端收到这些数字信号后，经过数字电路进行处理，就可以在屏幕上还原出这个点的亮度和颜色。

数字信号还原的精确度，取决于对模拟信号的分级。如上所述，分成 8 级用 3 位二进制数字来表示，这样的精确度是很低的。如果提高分组程度，如分成 4 096 级，用 12 位二进制数来表示，精确度就高很多了。

模拟图传电台有设备简单、价格低的优点，特别是视频信号从发射端到接收端的延时很小，这对于一些要求低空快速飞行的场合是很有用的。但模拟信号在处理、传输、还原过程中，很容易受到干扰而产生失真。而且模拟图传电台的视频信号在地面端不便于储存记录，因此，很多图传电台的摄像头上有储存卡槽，无人机在飞行时把视频传输到地面，并记录在储存卡上。数字图传电台技术先进，数字信号在处理、传输、还原过程中不会失真，是图传电台发展的方向。但数字图传电台在信号编码和解码过程中，会产生较长时间的延时。但是，随着技术的进步，数字图传的延时会随着处理器运算速度的提高而减少，价格也会因为使用量的增加而降低。

二、视频参数

1. 视频的分辨率

视频的分辨率就是一帧画面的像素，通常用宽和高的像素表示。

（1）640×480，这是无人机图像传输常用的分辨率。

（2）720×576，标清格式，此前电视视频的标准规范。

（3）720 p，即 1 280×720，高清视频，画质高清，运算更快，储存空间更小。p 代表逐行扫描，优于隔行扫描（i）。

（4）1 080 p，即 1 920×1 080，一般意义上的高清的泛称。

（5）2 K，即 2 048×1 080。

（6）4 K，即 4 096×2 160。

除非专业的用途，考虑到成本及质量，一般的无人机图传电台都会使用较低的分辨率。

2. 帧率

帧率即每秒钟有多少帧，帧数较多，视频看起来就流畅。至少每秒钟 16 帧，人的眼睛才分辨不出每帧之间的暗画面，看不到闪烁。一般的帧数为 24～30 fps（帧/秒）。

3. 视频格式

（1）模拟视频有 PAL、NTSC 等制式，我国的模拟电视信号采用 PAL 制式，大多数模拟图传也采用 PAL 制式。

（2）数字视频的格式分为两部分。一部分是编码格式，包括 H.261～H.264、MPEG1～MPEG4 等。另一部分是视频的封装格式，如 MP4、AVI、MOV、MKV 等。我们经常接触的是视频的封装格式，而编码格式由设备内的芯片决定，与使用者关系不大。并不是所有相同的封装格式的视频文件，都可以打开播放。如果有两个 AVI 格式的视频，一个文件能打开播放，另一个文件不能打开播放，这有可能是由于两个文件的编码格式不一样，软件不能识别。

例如，一个视频文件标示：1 280×720－16：9－逐行扫描－25 fps－48 000 Hz－H.264－MP4，说明这个视频的分辨率是 1 280×720，宽高比是 16：9，采用逐行扫描方式，帧率为每秒 25 帧，音频采样频率为 48 kHz，编码格式是 H.264，封装格式是 MP4。

三、图传的使用

1. 图传的频率

按照《中华人民共和国无线电管理条例》的频率划分，在 2.4 GHz 和 5.8 GHz 的频段上，使用不超过规定功率的无线图传设备是不需要办理电台执照的。

这两个频段的电波波长很短，主要以直线传播，绕射性较弱，使用时应确保发射端与接收端之间无障碍物遮挡。此外，5.8 GHz 频段的大气和水汽吸收率更高一些，在相同发射功率和接收灵敏度情况下，与 2.4 GHz 相比通信距离仅为 41.4%，实际的通信距离往往不到 30%。

2. 工作距离

某 5.8 GHz 模拟图传产品标称工作距离如下：

空中无干扰、无遮挡参考距离。

25 mW：100 m。

200 mW：800 m，地面无干扰、无遮挡距离为 30～300 m。

600 mW：2 000～3 000 m。

800 mW：5 000 m。

厂家给出的工作距离是在最优条件下的结果。而实际使用中会因各种条件而减小。图传的实际工作距离，应以实际测试为准。实际工作距离应当小于实际测试的最大工作距离，留有一定的余量。

任务实施

任务场景	图传的安装与调试
任务分组	学生 4～6 人一组，按照组间同质、组内异质进行分组，并推选组长，组长明确成员分工，相互配合完成任务
实施过程	1. 摄像头与发射模块进行连线。有的产品会提供成品的连接线，把连接线插入摄像头与发射模块对应的接口。摄像头一般有三个接线端，两个为电源端，一个为视频信号端，若摄像头带有话筒，还会多出一个音频端。将摄像头的电源端、视频端、音频端分别与发射模块对应的端子相连，并在电源端接上电池，空中端即可正常工作。 　　2. 把接收模块与计算机或显示器或手机相连，接上电源就可以工作了。 　　3. 地面端要接收空中端发送的视频信号，需要两个模块的工作频率相一致。有的模块采用拨码开关设置频率，有的采用按键配合指示灯进行设置，这比采用拨码开关设置复杂一点。 　　4. 地面端可以在看到图像后，调整摄像头的焦距，并进行紧固，即可以安装到无人机上
任务要求	1. 各组独立完成。 　　2. 各组以视频形式记录图传调试过程
任务反思	1. 在个人素养提升方面有哪些收获？ 　　2. 在任务实施中有哪些需要提高的方面？ 　　3. 图传的原理是什么？什么叫作帧？

任务评价

序号	评价项目	评价指标	分值	自评 30%	互评 30%	师评 40%	合计
1	职业素养 （30分）	制订计划能力强，严谨认真	5				
		责任意识、服从意识强	5				
		团队合作、交流沟通、分享能力强	5				
		遵守规范	5				
		完成任务积极主动	5				
		采取多种手段收集信息、解决问题	5				
2	专业能力 （60分）	能明确图传原理	15				
		学会图传使用	15				
		能完成图传的安装与调试	15				
		能准确地描述自己的优缺点，正视差距所在	15				
3	创新意识 （10分）	具备创新性思维和行动	10				
	合计		100				
	综合得分						

 巩固练习

1. 如果说飞控是无人机的"大脑"，那么图传就是无人机的_____。
2. 图传主要由发射端、_____和显示端三部分组成。
3. 图传发射端由摄像头、发射模块、_____组成。
4. 图传分为模拟图传和_____图传。
5. MP4 是视频文件的_____格式。

 扩展阅读

中国的北斗、世界的北斗、一流的北斗

全球导航卫星系统（GNSS）堪称国际顶尖的定位导航"俱乐部"，目前拥有四大核心成员系统：美国的 GPS、欧洲的伽利略（GALILEO）、俄罗斯的格洛纳斯（GLONASS）及中国的北斗（COMPASS）。

1993 年 7 月 23 日，美国以所谓"情报证据"为由，无端指控中国"银河号"货轮向伊朗运输化学武器原料，并强制该船在沙特达曼港接受检查。在检查开始前，美国直接关闭了

"银河号"的 GPS 信号，致使船只丧失导航能力无法航行。该船在公海漂泊长达 33 天，被迫改变航线并延误卸货，不仅造成重大经济损失，更危及船员安全，在国际上产生恶劣影响。这一事件强烈刺激了我国自主研发卫星导航系统的决心。

作为有远大抱负的大国，我国早在 20 世纪 70 年代"七五"规划期间就提出了"新四星"计划，随后陆续论证了单星、双星、三星、区域星座（3～5 颗卫星）等多种技术方案，以及全球系统的建设构想。研究、论证、再研究、再论证……从来就没有停止过。1991 年海湾战争成为重要转折点。美军成功运用 GPS 的实战案例，使我国深刻认识到卫星导航系统在现代战争中的关键作用。"银河号事件"发生后，我国立即加速启动了自主卫星导航系统的研制工作。

北斗一号系统：1994 年，中国正式启动北斗卫星导航试验系统建设工程。2000 年，我国成功发射首颗及第二颗北斗导航试验卫星，初步建成试验系统，使中国成为继美、俄之后第三个具备自主卫星导航能力的国家。2003 年，第三颗试验卫星的发射进一步提升了系统性能。该系统采用有源定位技术，服务范围覆盖中国及周边区域，可提供优于 20 m 的定位精度，并具备定位授时（单向/双向）及短报文通信等功能。

北斗二号系统：2004 年，中国正式启动北斗二号区域卫星导航系统工程建设。2007 年，首颗北斗二号导航卫星成功发射，标志着北斗区域导航系统建设进入实施阶段。2011 年，系统基本完成建设；2012 年全面组网成功，正式具备区域服务能力，开始为亚太大部分地区提供连续无源定位、导航、授时等服务。该系统在兼容北斗一号技术体制的基础上，新增无源定位功能，可为亚太用户提供定位（平面精度 10 m、高程精度 10 m）、测速、授时及短报文通信服务。

北斗三号系统：2009 年，北斗三号卫星导航系统正式立项。2017 年，随着第一颗和第二颗组网卫星成功发射，北斗全球组网工程拉开序幕。2018 年，北斗三号基本系统星座部署完成；至 2020 年，最后一颗全球组网卫星发射升空，星座部署比原计划提前半年全面竣工，系统正式建成并面向全球开通服务。2020 年 6 月 23 日，随着北斗三号卫星成功发射，中国正式建成自主可控的全球卫星导航系统——北斗系统。这一里程碑事件标志着我国在卫星导航领域彻底摆脱了对外依赖。2021 年，美国航母在南海海域航行时，其导航系统曾出现异常偏差，让美国领略到了中国卫星导航系统的实力。

2024 年 9 月 19 日 9 时 14 分，我国在西昌卫星发射中心用长征三号乙运载火箭搭配远征一号上面级，成功发射第五十九、六十颗北斗导航卫星。该组卫星为中圆地球轨道（MEO）卫星，是北斗三号全球卫星导航系统建成开通后发射的第二组 MEO 卫星。卫星入轨并完成在轨测试后，将正式接入北斗卫星导航系统。

北斗系统工程自立项以来，已走过波澜壮阔的 30 年发展历程。全体北斗人始终秉承"自主创新、开放融合、万众一心、追求卓越"的新时代北斗精神，践行"中国的北斗、世界的北斗、一流的北斗"发展理念，成功将北斗系统打造成为耀眼的"国家名片"。下一步，我国将加快推进下一代北斗系统建设，着力突破不依赖卫星的多元定位导航授时技术。到 2035 年，将建成覆盖更广、融合更深、智能更强的综合时空体系。

项目四　维修调试平台使用

项目描述

　　实训桌整机采用高强度碳钢打造，集成了无人机组装调试维保中所需要的焊接工仪器、检测仪器、调试仪器和诸多专业工具，以及集成微机平台并搭载无人机相关 PC 软件。实训桌不仅可满足无人机专业实训所需要的组装、调试、维保等硬件实训作业需求，还具备航线绘制，二维、三维集群建模，图形绘制等功能。

任务一　维修调试平台的认识

学习目标

知识目标

1. 熟悉维修调试平台各部分功能。
2. 掌握维修调试平台使用注意事项。

能力目标

1. 能对无人机部件进行焊接。
2. 能正确使用风枪。

素养目标

1. 初步树立正确的竞争意识。
2. 培养自我管理和自我约束能力。

任务导入

无人机综合实训台是一款集无人机组装调试、模拟器、维保应用、航测应用等为一体的专用教学设备，集成多种维修检测设备和工具及微机，是无人机教育培训方案的基础硬件平台，可以完成如无人机组装调试、无人机飞行操控模拟、无人机维护维修保养、无人机航线绘制和内业处理等学习和实操任务。

 知识储备

一、认识维修平台

实训桌整机采用高强度碳钢打造，集成无人机组装、调试、维保中所需要的焊接工仪器、检测仪器、调试仪器和诸多专业工具，以及集成微机平台并搭载无人机相关 PC 软件，是无人机实训的集大成之作（图 4-1）。

实训桌不仅可满足无人机专业实训所需要的组装、调试、维保等硬件实训作业需求，还具备航线绘制，二、三维集群建模，图形绘制等功能。

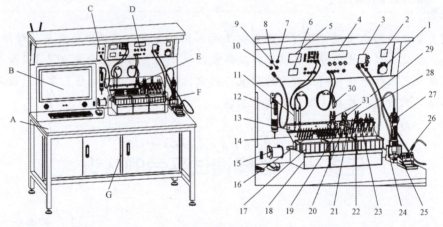

图 4-1　实训桌

1—220 V 插座；2—220 V 保护器；3—电烙铁 & 热风枪；4—可调电源；5—万用表；6—波形显示；7—风扇开关；
8—LED 开关；9—微机开关；10—微机电源开关；11—万用表表笔；12—电动螺丝刀；13—电动螺丝刀批头；
14—工具架；15—焊锡丝；16—螺丝刀批头；17—零件盒；18—抽屉零件盒；19—刻刀；20—多功能螺钉旋具；
21—镊子；22—常用螺钉旋具；23—内六角螺钉旋具；24—热风枪架；25—电烙铁架；26—电烙铁手柄；
27—热风枪手柄；28—尖嘴钳；29—斜口钳；30—可调电源鳄鱼夹；31—老虎钳
A—实训台桌体；B—微机单元区域；C—控制单元区域；D—仪表单元区域；
E—工具区域；F—物料存放区域；G—大型零件存放区域；

二、开机接通和断开仪器电源

接上 220 V 电源，保护器会显示当前的电压和电流，左边的 4 个 LED 灯会以流水灯的形式闪烁，表示保护器正在等待自检中（图 4-2）。

当流水灯停止闪烁状态变为常亮时，表示保护器自检完成，保护器会自动为实训台接入 220 V 电源，此时保护器会实时显示当前的电压和电流情况（图 4-3）。

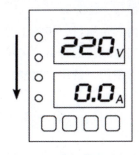
图 4-2　等待自检

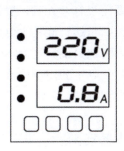
图 4-3　自检完成

测试上电是否成功可以按下 LED 灯的开关或电动螺钉旋具的开关，以确定是否上电成功。

三、通用工具介绍

通用工具主要用于完成无人机的组装、装配、拆解、焊接等工作，如图 4-4 所示。

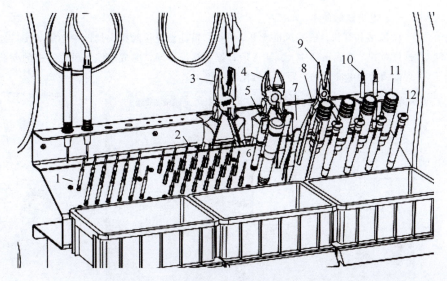
图 4-4　通用工具

1—电动螺钉旋具；2—螺钉旋具批头；3—老虎钳；4—斜口钳；5—刻刀；6—多功能螺钉旋具；7—镊子；
8—撬棒；9—尖嘴钳；10—电烙铁头；11—高强度内六角螺钉旋具；12—微型螺钉旋具

（1）电动螺丝刀批头主要用于无人机外壳螺栓的组装和拆卸，内六角和梅花批头使用频率较高。

（2）多功能螺丝刀批头主要用于特殊螺栓的组装和拆卸，除常用的十字、一字、梅花、内六角外，还有三角、五角等特殊形状。

（3）老虎钳、斜口钳、尖嘴钳主要用于剥线，夹持固定较小的物品，剪切尼龙扎带、热缩管、导线等。

（4）刻刀主要用于刮、切等操作，主要适用于操作较为微细的作业，多用于 PCB 的维修。

（5）镊子主要用于夹持微小的元器件、细线缆、小螺栓等需要精密夹持的操作，多用于PCB 的维修。

（6）撬棒主要用于打开外壳，撬开细小的缝隙等操作。

（7）高强度内六角螺钉旋具主要用于安装、拆卸内六角螺栓，相较于普通的内六角螺钉旋具，高强度内六角螺钉旋具更为不易滑丝，同时也拥有较长的寿命。

（8）微型螺钉旋具主要用于维修十字或内六角螺栓使用，使用上比较轻盈、小巧，是拆装微型螺栓的主要工具。

任务实施

任务场景	焊接和风枪的使用
任务分组	学生 4～6 人一组，按照组间同质、组内异质进行分组，并推选组长，组长明确成员分工，相互配合完成任务
实施过程	一、电烙铁的使用 1. 安装和开机。安装风枪或电烙铁线，需注意连接线接头的凹槽必须与接口处的对应槽位对齐，才能正确插入。插入后，拧紧螺母套环，完成烙铁和风枪手柄的安装。按下焊接面板的电源开关，即可开机使用（图 4-5）。 图 4-5　安装和开机 2. 电烙铁的设置及使用。 （1）正常情况下，1 s 内连续逆时针旋转 3 格，进入待机［（默认 200 ℃（150～300 ℃可配置）］状态，如果设置温度低于 200 ℃，则直接进入休眠。待机状态下，1 s 内连续逆时针旋转 3 格进入休眠（软关机）状态，休眠（软关机）状态下，短按旋钮进入工作状态。待机状态下，按下旋钮或顺时针旋转，恢复工作状态。 （2）正常情况下，1 s 内连续顺时针旋转 3 格，功率加强，当前温度＋50 ℃（10～200 ℃可配置），经过 5 min（1～60 min 可设置）后自动回复，也可以提前任意操作旋钮恢复。

续表

实施过程	（3）正常情况下，短按进入温度设置状态。在温度设置状态下，通过旋转旋钮可以调节当前设置组的温度，默认步进为5度（步进1～50可设置）。在温度设置状态下，按住旋钮并旋转，可以切换设置组。在温度设置状态下，短按旋钮保存并退出到正常状态。 （4）正常情况下，按下旋钮并顺时针旋转可以进入换头界面，在实训台功能界面下输出关断，可以带电执行换头操作。可以切换头子类型，并调用相关头子的校正曲线。 （5）正常情况下，按下旋钮并逆时针旋转可以进入温度校准界面，可以校准当前电烙铁头的参数，也可以恢复默认校正参数。在进入校正向导前，需要先恢复默认校正参数。 （6）正常情况下，长按旋钮2 s可以打开设置菜单。 （7）所有设置界面和菜单，长按旋钮2 s可以不保存退出。 二、风枪的设置及使用 1. 按下风枪按键开启风枪功能。 2. 调温：直接转动旋钮。 3. 调风：短按旋钮松开，转动调风（调温、调风步进数值可设置）
任务要求	1. 找废弃的机架进行接线焊接练习。 2. 各组以视频形式记录焊接过程
任务反思	1. 在个人素养提升方面有哪些收获？ 2. 在任务实施中有哪些需要提高的方面？

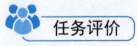

任务评价

序号	评价项目	评价指标	分值	自评 30%	互评 30%	师评 40%	合计
1	职业素养 （30分）	制订计划能力强，严谨认真	5				
		责任意识、服从意识强	5				
		团队合作、交流沟通、分享能力强	5				
		遵守规范	5				
		完成任务积极主动	5				
		采取多种手段收集信息、解决问题	5				

续表

序号	评价项目	评价指标	分值	自评 30%	互评 30%	师评 40%	合计
2	专业能力 （60分）	能清晰描述无人机运动原理	15				
		能绘制无人机连接简图	15				
		能正确组装机架	15				
		能正确组装动力系统	15				
3	创新意识 （10分）	具备创新性思维和行动	10				
合计			100				
综合得分							

 巩固练习

1. 维修平台有哪些功能？

2. 使用维修平台时，应注意哪些事项？

3. 根据实际使用情况，对维修平台有哪些改进建议？

任务二 维修调试平台测量面板的使用

 学习目标

知识目标

1. 熟悉测量面板的项目内容。

2. 掌握万用表的功能。

能力目标

1. 初步学会测量电压、电流、电阻、电容、频率等数据。

2. 能正确使用万用表。

素养目标

1. 培养健康的竞争心态。

2. 培养良好的学习习惯和自律能力。

任务导入

本任务将学习维修调试平台测量面板的使用，为无人机系统提供所需电压，完成无人机的硬件调试工作，也可为无人机电池充电。请遵守用电安全规范，开启数据测量之旅。

 知识储备

测量面板的主要功能是测量无人机电路中的电压、电流、电阻、电容、频率等数据，通过测量数据来判断当前电路的状态，如图 4-6、表 4-1 所示。

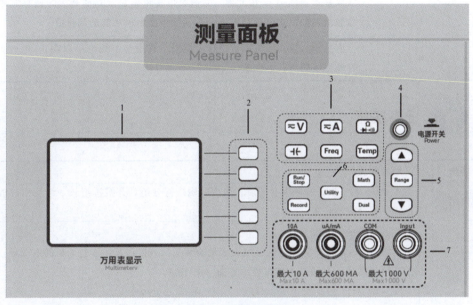

图 4-6　测量面板示意

表 4-1　测量面板说明

项目	名称	说明
1	显示屏	显示用户界面
2	菜单选择键	激活对应的菜单
3	测量功能键	[≈V] DC 或 AC 电压测量 [≈A] DC 或 AC 电流测量 [Ω] 电阻测量，连通性测试，二极管测量 [⊣⊢] 电容测量 [Freq] 频率（周期）测量 [Temp] 温度测量
4	电源键	打开/关闭仪器

无人机的组装与调试

续表

项目	名称	说明
5	量程/方向感	在测量功能右侧菜单中出现"量程"软键时，按 Range 软键可切换自动量程和手动量程。按上或下方向键，设为手动量程，并增大/减小量程。设置参数时，按 Range 软键，按上或下方向键可增大或减小光标处的数值
6	操作按键	运行/停止（Run/Stop）：开始或停止自动触发。当触发停止时，当前读数被保持在显示屏上。 记录（Record）：进入手动记录功能菜单和自动记录功能菜单。 功能（Utility）：系统设置包括语言、亮度、时钟、出厂设置、串口设置。 计算（Math）：对测量结果进行数学运算（最值、dB/dBm）。 双显示（Dual）：按此键，右侧菜单显示副显示功能列表，选择其中一个功能项，如果支持该功能，副显示区将显示该功能的测量值
7	信号输入端	信号输入端用于电流、电压、电阻、连通性、频率（周期）、电容、二极管和温度的测试、测量

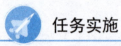

任务实施

任务场景	万用表的使用
任务分组	学生 4~6 人一组，按照组间同质、组内异质进行分组，并推选组长，组长明确成员分工，相互配合完成任务
实施过程	一、万用表的安装和开机 如图 4-7 所示，将对应颜色的万用表表笔香蕉头插入接口，按下前面板的电源键，屏幕显示开机进度后，自动进入测量显示界面（图 4-8）。 图 4-7 插线 **万用表界面** 图 4-8 测量显示界面

152

| 实施过程 | 二、万用表的功能与操作

1. 设置量程。量程的选择有自动和手动两种方式。自动量程可根据输入信号自动选择量程，方便用户测量；在手动量程下，可使用前面板按键或菜单软键设置量程，以获得更高的测量精确度。

方法 1：使用前面板按键设置量程。

在测量功能右侧菜单中出现"量程"软键时，按 Range 键可切换自动量程和手动量程。按上或下方向键，设为手动量程，并增大/减小量程。

方法 2：在测量功能菜单中选择量程。

选择自动量程：在测量功能右侧菜单中，按"量程"软键，选择 Auto。

选择手动量程：在测量功能右侧菜单中，按"量程"软键，选择除 Auto 外的量程。

2. 万用表测量速率。万用表可设置三种测量速率："低"速率为 4 读数／秒；"中"速率为 16 读数／秒；"高"速率为 65 读数／秒。DCV、ACV、DCI、ACI 和二线／四线电阻测量功能下，可选择测量速率。

3. 测量 DC 电压。

操作步骤如下：

（1）启用直流电压测量功能。进入直流电压测量模式，如图 4-9 所示。

（2）连接测试引线，如图 4-10 所示。

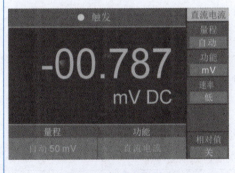 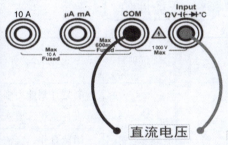

图 4-9　电压测量模式　　　　　图 4-10　连接测试引线

（3）设置功能。按"功能"软键可进行 V 和 mV 挡位切换。

（4）设置量程。按"量程"软键可设置所需量程。Auto 可根据输入信号自动选择量程。说明：任意量程均有 1 000 V 的输入保护。除 1 000 V 量程外，所有量程均有 10％的超量程。1 000 V 量程下，读数超过 1 050 V 时，显示"overload"。

（5）设置测量速率。按"速率"软键可切换选择测量速率为低、中或高。

（6）设置相对值。按"相对值"软键可开启或关闭相对运算。开启时，万用表会将实际测量结果与"相对值"运算中的预设值相减后显示测量值 |

| 任务要求 | 1. 练习使用万用表。

2. 各组以视频形式记录测量过程 |

续表

任务反思	1. 在个人素养提升方面有哪些收获？	
	2. 在任务实施中有哪些需要提高的方面？	

 任务评价

序号	评价项目	评价指标	分值	自评 30％	互评 30％	师评 40％	合计
1	职业素养（30分）	制订计划能力强，严谨认真	5				
		责任意识、服从意识强	5				
		团队合作、交流沟通、分享能力强	5				
		遵守规范	5				
		完成任务积极主动	5				
		采取多种手段收集信息、解决问题	5				
2	专业能力（60分）	能使用万用表进行量程设置	15				
		能使用万用表测量电流	15				
		能使用万用表测量电压	15				
		能使用万用表测量电阻	15				
3	创新意识（10分）	具备创新性思维和行动	10				
合计			100				
综合得分							

巩固练习

1. 使用万用表时，应注意哪些事项？

2. 如何使用万用表测量电压、电阻、电流？

3. 如何选用万用表的量程？

任务三　维修调试平台微机功能的使用

 学习目标

知识目标
1. 熟悉调试平台微机的功能。
2. 掌握微机使用注意事项。

能力目标
1. 能安装使用模拟飞行软件。
2. 能用调参软件调试无人机飞控。
3. 能利用飞行数据进行建模。

素养目标
1. 培养健康的竞争心态。
2. 养成团队合作的精神。

 任务导入

　　微机的主要作用是提供软件支持，例如，使用模拟飞行软件练习飞行，使用调参软件调试无人机飞控参数，使用校准标定软件恢复无人机功能，以及使用三维建模软件建立三维模型等。

 知识储备

一、模拟飞行软件

　　前期准备：物料准备包括遥控器、计算机、加密狗和软件。确保购买的加密狗与软件版本匹配。

　　安装：下载并安装凤凰模拟器 5.0 版本，解压后运行 phoenixRC.exe 模拟器软件。

连接与设置：使用 USB 线将遥控器连接到计算机，并在模拟器中进行遥控器的设置和校准。

选择机型：在模拟器中选择想要模拟的飞行器类型，如固定翼、多旋翼或直升机等。

拟飞行：根据所选机型和场景，进行模拟飞行操作，包括起飞、降落、转弯、上升、下降等。

注意事项：在模拟飞行过程中，要注意操作的熟练度和飞行器的稳定性，避免不必要的碰撞和失误。

需要注意的是，不同版本的凤凰模拟飞行软件可能会在操作上略有差异，建议在使用前仔细阅读软件的使用手册或参考相关教程。此外，模拟飞行只是一种练习方式，实际飞行时还需要遵守相关法律法规和安全注意事项。

二、用调参软件调试无人机飞控

连接无人机与计算机：通过数据线将无人机与计算机连接。

打开调参软件：启动相应的调参软件。

选择机型与端口：在软件中选择无人机机型，并确保正确选择通信端口。

读取当前参数：软件会读取无人机当前的参数设置。

根据需求调整参数：根据飞行表现和需求，对相关参数进行修改。

保存并写入：调整完参数后，保存设置并将其写入无人机。

试飞验证：修改参数后，进行试飞以验证效果。

 任务实施

任务场景	三维建模
任务分组	学生 4～6 人一组，按照组间同质、组内异质进行分组，并推选组长，组长明确成员分工，相互配合完成任务
实施过程	以下是使用大疆智图进行建模的一般步骤： 1. 准备工作。下载并安装大疆智图软件，确保拥有需要建模的照片或图像数据。 2. 新建任务。打开大疆智图软件，选择"新建任务"，再根据需求选择任务类型，如三维模型，并填写任务名称。 3. 导入图片。在任务中导入图片时，可以选择单张导入或导入图片文件夹，但需确保图片格式和存储路径符合要求。 4. 参数设置。根据建模需求设置相关参数，如重建类型、建图场景、重建清晰度等，并可根据实际情况进行调整。 5. 兴趣区域建模。根据需要，选择兴趣区域进行建模或进行其他设置。 6. 计算模式。选择单机计算或集群计算模式。集群建模需要一台主节点分配任务控制多台子节点设备，进行空中三角形测量和建模。 7. 输出坐标系设置。根据实际需求，设置输出坐标系。 8. 开始重建。单击"开始重建"按钮，启动建模过程。等待建模完成。 9. 成果查看。建模完成后，可以查看生成的三维模型，并可以使用相关软件进行后续的处理和分析

续表

任务要求	1. 教师带领学生获取飞行照片及数据。 2. 各组以视频形式记录三维建模过程
任务反思	1. 在个人素养提升方面有哪些收获？ 2. 在任务实施中有哪些需要提高的方面？

 任务评价

序号	评价项目	评价指标	分值	自评 30%	互评 30%	师评 40%	合计
1	职业素养 （30分）	制订计划能力强，严谨认真	5				
		责任意识、服从意识强	5				
		团队合作、交流沟通、分享能力强	5				
		遵守规范	5				
		完成任务积极主动	5				
		采取多种手段收集信息、解决问题	5				
2	专业能力 （60分）	能使用模拟软件进行无人机飞行	15				
		能使用微机进行无人机调试	15				
		能使用建模软件进行建模	15				
		能准确地描述自己的优缺点，正视差距所在	15				
3	创新意识 （10分）	具备创新性思维和行动	10				
	合计		100				
	综合得分						

 巩固练习

1. 简述模拟飞行软件的调试方法。

2. 简述使用调参软件调试飞控的方法。

三军抬棺，十万人相送

惊世两弹，冲霄一星，尽凝铸中华豪情，霜鬓不坠青云志，寿至期颐，回首望去，只付默默一笑中。

2007 年，钱学森被评为感动中国人物。寿至期颐，百岁之年，在获得这个奖项的时候，钱学森先生已经 96 岁高龄。两年之后的 2009 年 10 月 31 日，时年 98 岁的钱学森先生，在北京溘然长逝。钱老去世之后，三军仪仗队为他抬棺，数十万民众自发送葬。

时间回到 1929 年的秋天。这时的钱学森只有 18 岁，在那个满目疮痍的年代，年轻的钱学森，已经从自己的所见所闻中，生出了深深的报国思想。眼光极具前瞻性的孙中山先生，在 19 世纪末，提出了"铁路救国"的理念，他认为，只有将铁路修建起来，才是让中国从农业国，迈向工业国最重要的一步。受到感召的钱学森，在中学毕业之后，毅然决然地放弃了老师给他推荐的绘画、计算机等专业，进入交通大学，开始学习铁道机械工程。

但壮志未酬，时间来到两年后，九一八事变爆发，日本开始全面入侵中国。日本的先进战斗机和空中作战能力，让钱学森意识到一件事。铁路救国的优先级，不如航空救国，当正面战争来临的时候，只有与之匹敌的作战能力，才是挽救国家的唯一方式。于是他在学习铁道机械工程的同时，开始自学航空工程。但当时国内的技术能力和教育水平，都尚且欠缺，钱学森的学习进度，很快陷入了瓶颈。

于是钱学森毅然决然，在大学毕业之后，又考取了清华大学的"庚子赔款"留学生名额，决心赴美求学。1935 年 8 月，只有 24 岁的钱学森，远渡重洋，来到了麻省理工学院攻读硕士。他在这里仅仅用了一年的时间，就取得了麻省理工航空工程的硕士学位。此时摆在钱学森面前的，有两条路，其一是靠自己优异的成绩，在美国找一份优越的工作。其二是就此回国，用自己的所见所学，报效祖国。但在犹豫了一段时间之后，钱学森选择了第三条路，继续进修。

在美国留学的一年时间里，他清楚地意识到了彼时两国之间的差距，想要缩短这些差距，只在美国学习了一年的他，是万万做不到的。在接下来的时间里，钱学森辗转在美国的各大院校，从麻省理工到加州理工，再到五角大楼，钱学森在美国汲取了大量的知识，甚至一度成为美国五角大楼的科学顾问。他的优秀，让美国人为之惊叹，也让美国人为之忌惮。

1947 年，钱学森初步完成了自己的学业。此时他只有 36 岁，却已经成为世界上最出色的火箭喷气推进专家，他是美国科学界最亮眼的一颗新星，也是美国麻省理工学院的终身教授。在冯·卡门的推荐下，钱学森开始在五角大楼工作，他是美国海陆空三军和国防部等部门的科学顾问，那时的钱学森不仅可以自由出入五角大楼，甚至还有查阅保密等级最高资料的权限。

这一年发生了很多事。这一年，钱学森的事业和学业达到了巅峰。这一年，他和国内的青梅竹马举办了婚礼。这一年，他收到了国民政府的回国邀请。他的老师叶企孙，帮国民政府做了一次说客，劝说钱学森回国，来担任交通大学的校长。交通大学是钱学森的母校，钱学森对此有着很深的感情，但在听到老师的询问之后，钱学森却毅然决然地回绝了这个邀请。

他不愿意在这个一边十里洋场，一边民不聊生的地方，摒弃自己半生所学的知识，为这个政府粉饰太平。在国内结完婚之后，钱学森又回到了美国。在这两年时间里，钱学森一边潜心继续着自己的研究，一边关心着远洋彼岸的祖国。1949 年，钱学森听到了一则震惊中外的广播，他立刻意识到，回国的时机，终于到来了。这年年底，钱学森向五角大楼辞了职，又向美国的老师、同学辞了行。此时他深知，国内的航天事业仍是一片空白，这个时候回去，恐怕没有现在这么优越的研究条件。

于是他在临行之前，准备了足足 300 kg 的资料，打算先用轮船，将这些送回国内。但得知钱学森要走这件事，美国高层，军方上下，无一不如临大敌。钱学森的好友丹尼·金布尔，在给他送行的时候，表现得虽然十分不舍，但却对钱学森想要报效祖国的想法，表达了充分的尊重和理解。但等钱学森走远之后，金布尔却立刻给美国司法部打了电话，要求他们立刻阻止钱学森回国，若非有必要，甚至可以当场击毙。在金布尔的眼里，知道所有美国导弹工程核心机密的钱学森，抵得上五个海军陆战师，而当时的美国军队，满打满算也只有十个师。

1950 年 9 月，钱学森被捕了。美国司法部表示，钱学森送出去的资料里，涉及了美国机密，并且他们深切怀疑，这个曾对美国科研事业作出巨大贡献的人，是被派遣来的间谍。在被逮捕之后，钱学森被关押到了移民局拘留所，遭受了长达十几天的非人折磨。在这段时间里，他不被允许和任何人说话，不被允许睡觉，亮如白昼的探照灯，每过 3 min 就会闪烁一次，甚至每过 15 min，还会有狱警来敲击铁门，制造噪声。在妻子的求助周旋之下，加州理工的校长和他的导师冯·卡门，开始为钱学森奔走周旋，直到半个月之后，钱学森才终于被保释出狱。出狱后的他，体重掉了整整 15 kg，甚至还一度失去了语言功能。但在接受了 15 天的折磨之后，接下来等待钱学森的，又是一场接一场的听证会，一次又一次的审讯，以及长达 5 年的软禁和监视跟踪。

当那个"引刀成一快，不负少年头"的热血青年，最后却变为"曲线救国"大汉奸的时候，我们很难不去感慨，时间所具备的可怕魔力。但长达 5 年的监视生涯，并没有改变钱学森的任何想法，在这五年的时间里，他陆续写完了数篇论文，又先后发表了《工程控制论》和《物理力学讲义》。

这两本著作，在美国科学界引起了巨大反响，甚至有媒体慕名找上门来，想将钱学森的名字列入美国科学家的行列之中，而作为回馈，他们会洗刷钱学森身上有关"间谍"的污名。这个交换简直是可笑之极。1949 年，钱学森打算送回中国的 300 kg 资料被扣押，他们口口声声说，这里的东西涉及了美国的军方隐私，但实际上，资料里的内容，仅仅只是钱学森自己的手稿和数学对数表。欲加之罪，何患无辞？他们给钱学森扣上"间谍"这等莫须有的罪名，将他严刑审讯、软禁监视，而到了现在，又以摘掉这个罪名为条件，让钱学森主动承认自己是美国的科学家？荒谬至极！钱学森毫不留情地回绝了这个提议，并且找准机会，将求救信写到香烟盒里，又辗转从美国将这封信寄到比利时，再通过钱学森的妻妹，寄到了钱学森位于上海的家中。整整过了一个月，这封来自美国的信件，才终于呈到了周总理的案桌上，而这封恳切的求救信，也让百废待兴的新中国，注意到了这个远渡重洋 20 年的海外

游子。有了这封信的佐证，美国终于再无借口扣留钱学森。1955年9月，钱学森一家，终于等来了回国的邮轮。回到阔别已久的祖国之后，钱学森被安排到中国科学院工作，开始马不停蹄地筹备建立力学研究所。

在准备期间，陈赓大将曾殷切地询问钱学森：钱先生，我们中国人自己搞导弹行不行？听到这个问题之后，钱学森斩钉截铁地回答：有什么不行？外国人能造出来的，我们中国人，同样能造出来！难道中国人比外国人矮一截不成？听到这个回答之后，举国震惊。没过多久，国家就把研制导弹和火箭的任务，都交付到了钱学森身上。1956年10月8日，在钱学森正式回国的一周年这天，钱学森和自己阔别了20年的梦想再度见面。他组建了我国第一个火箭、导弹研究机构，开始实现自己20年前未竟的梦想：航空救国。

1960年，我国试射了第一枚弹道导弹"东风一号"。但彼时的中苏关系开始恶化，苏联撤走了全部专家，甚至将资料也全部带走。在这种情况下，钱学森开始带队，用手摇计算机、用算盘，一点一点从零开始，在四年后成功试射了完全自主研发设计的"东风二号"。同年十月，我国又成功试爆了第一颗原子弹。1970年4月24日，我国第一颗人造卫星发射成功。1980年5月18日，我国第一枚洲际导弹"东风五号"试射成功。2003年10月15日，我国第一艘载人航天飞船发射成功。

这些被记录到课本上的内容，就是我国从成立以来，一直独立自主坚持研发的缩影。而在此作出巨大贡献，被称为两弹一星元勋的钱学森，直到2007年10月31日病逝之前，还一直坚持读书看报，而他给世人留下的最后一句话是：中国的长远发展。

项目五　固定翼无人机组装与调试

 项目描述

　　本项目的主要任务是学习固定翼无人机的基本构造、机体组装、动力系统安装、飞控组装和调试方法，重点内容是无人机调试，学好以上基本内容的同时，养成吃苦耐劳、交流合作的工作态度。

任务一　固定翼无人机组装

 学习目标

知识目标

1. 熟悉固定翼无人机的基本构造。
2. 掌握固定翼无人机的主要组件功能。
3. 掌握无人机组装的基本流程和注意事项。

能力目标

1. 能正确使用组装的基本工具。
2. 能够按照标准操作流程，安全、有效地进行固定翼无人机组装。

素养目标

1. 培养为社会服务的责任感和使命感。
2. 培养创新思维和勇于探索的精神。

任务导入

固定翼无人机与常见的多旋翼无人机不同，它们的飞行方式更类似传统飞机。固定翼无人机不依靠垂直升力旋翼来提供升力，而是像传统飞机一样，通过机翼在空中前进时与空气的作用力来产生升力。这种飞行方式使固定翼无人机在空中的滞空时间和速度方面具有优势。虽然固定翼无人机具有许多优势，但它们也面临着一些技术挑战，如起降技术、自动飞行控制系统的完善及与民用空域的整合等。此外，提高其适应复杂气象条件的能力也是未来发展的重点。未来，随着技术的进步，固定翼无人机的功能将更加多样化，性能也将更加优化。例如，通过集成人工智能技术，无人机将能够实现更加智能的飞行管理和数据处理。

 知识储备

一、固定翼无人机的基本结构

固定翼无人机是指由动力装置产生前进的推力或拉力，由机体上固定的机翼产生升力，在大气层内飞行的重于空气的航空器。固定翼无人机的基本结构，主要由机身、机翼、尾翼、起落装置和动力装置五个主要部分组成，如图 5-1 所示。

1. 机身

机身的主要功能是装载设备、燃料和武器等，同时作为固定翼无人机安装的基础，将机翼、尾翼、起落装置等连成一个整体。

2. 机翼

机翼的主要功能是产生升力，以支持飞机在空中飞行，同时也起到一定的稳定和操作作用。在机翼上一般安装有副翼和襟翼，操纵副翼可使飞机滚转，放下襟翼可使升力增大。不同用途的飞机，机翼形状、大小也各有不同。机翼制作的好坏直接影响到飞机的飞行质量。机翼上还可安装发动机、起落架和油箱等，军机机翼下面可挂载油箱和武器等附加设备。

3. 尾翼

尾翼是用来配平、稳定和操纵固定翼飞行器飞行的部件，通常包括垂直尾翼（垂尾）和水平尾翼（平尾）两部分。水平尾翼水平安装在机身尾部，由固定的水平安定面和可动的升降舵组成。部分高速飞机将水平安定面和升降舵合为一体成为全动平尾。垂直尾翼垂直安装在机身尾部，由固定的垂直安定面和可转动的方向舵组成。方向舵用于控制飞机的横向运动，而升降舵用于控制飞机的纵向运动。尾翼的核心作用是保证飞机的平稳飞行，并通过操纵俯仰、偏转等实现飞行控制。

4. 起落装置

起落架一般由支柱、缓冲器、刹车装置、机轮和收放机构组成，主要用于飞机在起飞、着陆滑跑、地面滑行和停放时提供支撑。陆上飞机的起落装置一般由减震支柱和机轮组成。此外，还有专供水上飞机起降的带有浮筒装置的起落架和雪地起降作用的滑橇式起落架。

5. 动力装置

动力装置的主要功能是产生拉力（螺旋桨式）或推力（喷气式），使无人机产生相对空气的运动，通常由螺旋桨、电子调速器、发动机、电源等组成。

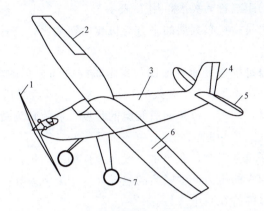

图 5-1   固定翼无人机的组成

1—螺旋桨；2—副翼；3—机身；4—垂直尾翼；5—水平尾翼；6—机翼；7—起落架

二、固定翼无人机气动特点

1. 机翼翼型

固定翼无人机常见翼型有全对称翼、半对称翼、克拉克 Y 翼、S 形翼和内凹翼等，如图 5-2 所示。

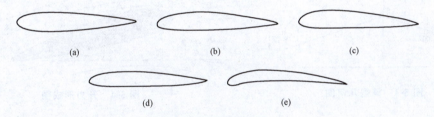

图 5-2   常见机翼翼型

（a）全对称翼；（b）半对称翼；（c）克拉克 Y 翼；（d）S 形翼；（e）内凹翼

（1）全对称翼是指机翼上下弧线均凸出且对称的翼型。

（2）半对称翼是指机翼上下弧线均凸出但不对称的翼型。

（3）克拉克 Y 翼是一种下弧线为直线的平凸翼型。但由于克拉克 Y 翼最为著名，因此把这类翼型都叫作克拉克 Y 翼。

（4）S 形翼是指机翼中弧线呈平躺 S 形的翼型。这类翼型因迎角改变时，压力中心不变动，常用于无尾翼机。

（5）内凹翼是指机翼下弧线在翼弦线下方的翼型。该翼型具有较大的升力系数，常见于早期飞机及牵引滑翔机。除蜂鸟外，所有鸟类都是这种翼型。

机翼的基本平面形状有矩形翼、椭圆翼、梯形翼、后掠翼、三角翼等，各种不同平面形状的机翼，其升力、阻力存在差异，这与机翼平面形状的各种参数有关。机翼平面形状的几何参数主要有机翼面积、翼展、展弦比和后掠角等，如图 5-3 所示。

（1）机翼面积。机翼面积是指机翼在机翼基本平面上的投影面积，用 S 表示。

（2）翼展。在机翼之外刚好与机翼轮廓线接触，且平行于机翼对称面（通常是无人机参考面）的两个平面之间的距离称为翼展，用 L 表示。

（3）展弦比。展弦比是指机翼翼展的平方与机翼面积之比，或者机翼翼展与机翼平均几何弦长之比，即 L/S。

（4）后掠角。后掠角是描述翼面特征线与参考轴线之间夹角的参数，用 X 表示。通常以 X_0 表示前缘后掠角，$X_{0.25}$ 表示 1/4 弦线后掠角，$X_{1.0}$ 表示后缘后掠角。后掠角表示机翼各剖面在纵向的相对位置，即表示机翼向后倾斜的程度，后掠角为负表示翼面有前掠角。

2. 升力和阻力

（1）升力：机翼在穿越空气时，会产生一股向上作用的力量，这就是升力。机翼的前进运动，会让上下翼面所承受的压力产生轻微的差异，这个上下差异就是升力的来源。由于升力的存在，无人机才能够维持在空中飞行。

飞机的升力绝大部分由机翼产生，尾翼通常产生负升力，飞机其他部分产生的升力很小，一般不考虑，升力形成如图 5-4 所示。

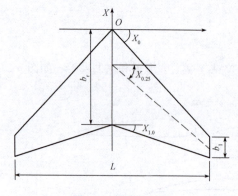

图 5-3 翼型几何图

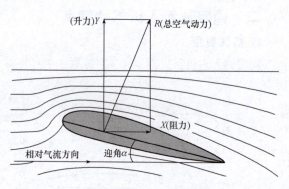

图 5-4 升力形成图

（2）阻力：无人机在空气中飞行会遇到各种阻力，阻力是与飞机运动方向相反的空气动力，是阻碍飞机前进的，按阻力产生的原因可分为摩擦阻力、压差阻力、诱导阻力和干扰阻力。

①摩擦阻力是由于大气的黏性而产生的。当气流以一定速度 V 流过无人机表面时，由于空气的黏性作用，空气微团与无人机表面发生摩擦，阻滞了气流的流动，从而产生了摩擦阻力。

摩擦阻力的大小取决于空气的黏性、无人机表面的状况、附面层中气流的流动情况和同气流接触的无人机表面积的大小。空气黏性越大，飞机表面越粗糙，飞机表面积越大，摩擦阻力就越大。

减小摩擦阻力，可以减小无人机同空气的接触面积。提高表面光滑度，以减小摩擦阻力；选择升阻比大的翼型，减小气流相对速度。

②压差阻力是由运动着的物体前后所形成的压强差产生的。飞机的机身、尾翼等部件都会产生压差阻力。

③诱导阻力是伴随着升力而产生的，如果没有升力，诱导阻力为零。

④干扰阻力是无人机各部分之间因气流相互干扰而产生的一种额外阻力。干扰阻力主要产生在机身和机翼、机身和尾翼、机翼和发动机短舱、机翼和副油箱之间。

升力和阻力是无人机在空气之间的相对运动（相对气流）中产生的。影响升力和阻力的基本因素有机翼在气流中的相对位置（迎角）、气流的速度和空气密度及飞机本身的特点。

三、固定翼无人机控制原理

固定翼无人机通常包括方向、副翼、升降、油门、襟翼等控制舵面，通过舵机改变飞机的翼面，产生相应的扭矩，控制飞机转弯、爬升、俯冲、滚转等动作。

固定翼无人机有两种不同的控制模式。

第一种控制模式是设定好目标空速。当实际空速高于目标空速时，控制升降舵拉杆，反之推杆；由于空速的变化会影响飞行高度，因此可采用油门来控制飞机的高度。当飞行高度高于目标高度时，应减小油门；反之增大油门。

第二种控制模式是设定好无人机平飞时的迎角。当飞行高度高于或低于目标高度时，在平飞迎角的基础上根据高度与目标高度的差设定一个经过 PID 控制器输出的限制幅度的爬升角，由无人机当前的俯仰角和爬升角的偏差来控制升降舵面，使无人机迅速达到爬升角，尽快消除高度偏差。

四、中小型固定翼无人机组装连接

1. 机翼组装

轻微型固定翼无人机的机翼组装一般分为左、右两部分连接，尾翼的组装方式与机翼类似。机翼连接方式应符合要求，粘接、螺接等都应保证牢固可靠不松动；安装后机翼的安装角、上反角及后掠角等应符合要求，一般安装上反角加强片或支撑杆等，强度应足够承担飞行时的机翼载荷，安装后机翼的合缝处与机身纵轴线重合或机翼沿纵轴线对称。机翼安装角如图 5-5 所示。

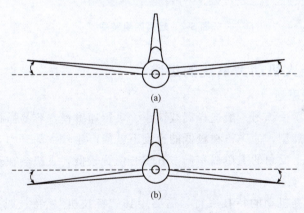

(a)

(b)

图 5-5　机翼安装角

（a）上反角；（b）下反角

2. 尾翼组装

尾翼组装分为分离式和一体式。安装完成前，应检查尾翼的安装角，先将尾翼插进机身槽口，仔细检查尾翼的安装角度是否准确。从俯视的角度检查水平尾翼是否左右对称，从后视的角度检查垂直尾翼是否垂直于机身和水平尾翼。尾翼调整示意如图 5-6 所示。

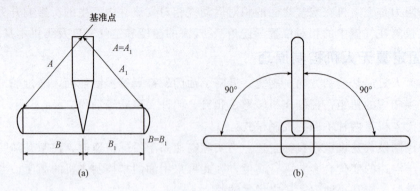

图 5-6 机翼组装

（a）水平尾翼左右对称；（b）尾翼垂直

3. 起落架组装

起落架组装主要按照说明书要求安装在规定的位置。例如，某无人机采用后三点式起落架安装，前两轮用压片紧固在机身上，起落架后轮应安装在中立位置（图 5-7）。

图 5-7 起落架组装图

五、固定翼无人机动力系统的组装

1. 动力系统配置原则

（1）机型选择。新手练习一般选择翼载荷小、飞行速度慢、容易操控的"初级练习机"。一般采用较厚的平凸翼型，使飞机在较低的速度下就能产生较大的升力，还具有较高的机翼位置，通常采用带有上反角的上单翼布局，其重心位置较低，飞机会在重力的作用下自然趋于平衡。

要体验大动作、高机动的特技飞行，需要用到"特技机"。特技机的翼载荷相对略大；舵面一般较大，在舵面动作时可以使飞机获得较高的机动性；一般采用中单翼，使机翼安装位置距重心较近；飞机进行较大的动作，甚至翻转飞行。

（2）动力系统配置。根据机型类别确定飞机所需的推力大小。前文提到，不同类型飞机的翼载荷不同，推动它们飞行所需的推重比也不同。推重比是飞机动力系统产生的最大推力与飞机质量的比值。对于初级练习机，其推重比一般为 $0.7\sim0.9$，也就是说对于 1 kg 的飞机，只需要 $7\sim9$ N 的推力就能够使其起飞。而对于特技机，其推重比一般要达到 1 以上，才能够作出各种特技动作。因此，在初步估算无人机总质量后，可以根据机型所对应的推重比需求，来计算满足飞行要求的推力。

根据飞机所需的推力大小选择合适的电机和螺旋桨组合。电机和螺旋桨是推力的直接产生部件。按照电机性能参数列表，参考搭配不同尺寸的螺旋桨所产生的推力数据，根据无人机的推力需求进行选择。同时，还要考虑无人机的飞行速度，一般情况下，低速飞行的飞机采用"低转速电机＋大桨"组合，而高速飞行的飞机采用"高转速电机＋小桨"组合。

电机和螺旋桨组合确定之后，根据电机的最大额定电流选择电调。对于特定的电机和螺旋桨组合，根据生产厂商给出的实测数据，可以得知电机的最大额定电流。所选的电调一定要大于电机的最大额定电流，才能保证电机的正常运转。通常情况下，还需要考虑到瞬时最大电流及散热条件的影响。

电池所能提供的瞬时电流需要能够满足飞机的各种飞行需要，包括起飞、降落、平飞、大幅度动作等。因此，必须有能力提供足够大的电流才行，即电池的最大放电电流要大于动力系统的额定电流。当然，电池一般比较重，还要根据估算的飞机总质量减去已确定的其他部件的质量，才能最终确定电池的选择。

（3）配平原则。无人机的配平对飞行性能影响很大，在选配和安装动力系统时，要格外注意无人机的配平。配平是指平衡作用在飞机上的力矩，作用是调整重心的前后位置。

一般在选择零部件初期和进行改装、动力升级时，都应大致估算动力系统的总质量，规划各部件的安装位置，使重心处于设计的中心位置。

当电动动力系统的质量占无人机总质量的比例较大时，应尽可能通过移动电池的方法调整无人机的重心位置，做到"零配重"或小配重。

如果发生受空间限制无法配平或需要较大质量配重的情况，则应考虑更改动力系统的配置，或者修改无人机的总体布局设计。

2. 电动动力系统组装

（1）电动系统的组成。固定翼无人机的电动系统由螺旋桨、电动机、电调、电池组成。

（2）选配要求。选配流程：根据估算的翼载荷和推重比，得出动力系统应提供的拉力大小，进而选出合适级别的电机和螺旋桨组合。

依据所选电机的最大额定电流，选择所需电调，电调的标称电流应大于电路最大额定电流。

参照电路的稳定电流，并根据整机的质量要求，选择一块合适的动力电池。

选配原则：在遵循配置原则的基础上，中型及以下固定翼无人机采用电动系统时，可以参考一些经验数据，见表5-1。

表 5-1　电机参数表

常见型号		2210	2812	3520	4020	5050
kV 值		1 000～2 500	700～2 000	500～1 500	400～1 000	300～600
螺旋桨直径/in		6～10	9～12	11～14	13～15	14～16
最大转速范围/（r·min⁻¹）		7 000～10 000	600～9 000	5 000～8 000	400～1 000	300～600
最大电流/A		10	15～20	25～45	35～70	50～85
电池规格	电池型号/s	2	3	3/4	3/4	5/6
	电池容量/mA·h	800/1 300	1 300	2 200	4 400	大于5 000
拉力范围/kg		0.3～0.8	0.8～1.5	1.5～2.5	2.0～3.0	2.5～3.5

①螺旋桨的选择：由于螺旋桨的拉力受直径、桨叶面积的影响，因此在其他条件允许的情况下，可尽量选择大直径的螺旋桨。

②电机的选择：在满足机械技术性能的前提下，优先选用结构简单、工作可靠、价格低、维修方便的电机。根据要拖动的机械功率选择电机的功率：在功率一定时，电机的额定转速越高，其体积越小，质量越轻，价格越低，运行的效率越高，电机的飞轮矩就越小，因此选用高速电机较为经济。再根据电机的功率选择电压；转速根据机械设备和装置要求进行选择；散热能力、电流、功率等参数相同的情况下，大直径、小长度的电机往往比小直径、大长度的电机具备更好的散热能力；绝缘等级的选择要考虑工作环境和负载特性。

③电调的选择：电子调速器的额定电流应与电机的工作电流一致，其标称电流应大于或等于电路的最大额定电流。

④电池的选择：电池的质量占动力系统总质量的比例最大，对翼载荷、推重比等参数影响较大，因此选配时需要仔细权衡。电池为整架飞机提供能量，电池的选择参数有容量、电压、放电倍率。容量要根据飞机的大小和重心的位置来选择。

⑤舵机选型：在固定翼无人机中，无人机的飞行姿态是通过调节发动机和控制各个舵面来实现的。舵机主要由舵盘、减速齿轮组、电位器、直流电机和控制电路等组成，如图5-8所示。舵机对外连接信号及线序如图5-9所示，一般采用3 pin杜邦头进行连接。舵机按照工作电压分为普通电压舵机（4.8～6 V）和高压舵机 HV SERVO（6～7.4 V 或 9.4～12 V）；按照是否防水分为全防水舵机和普通舵机；按照舵机的工作信号分为模拟舵机和数字舵机。

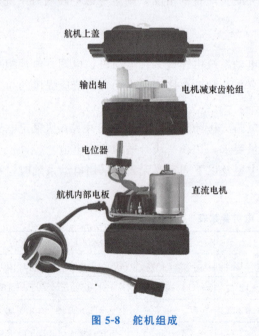

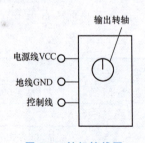

图 5-8　舵机组成　　　　　　　图 5-9　舵机接线图

舵机的技术参数主要有转速、转矩、电压、尺寸、质量、材料齿轮介质、工作模式等，在进行舵机的选型时要对以上几个方面综合考虑。

舵机选择需要在计算所需转矩和速度、确定使用电压的条件下，选择有 150% 左右甚至更大转矩富余的舵机。

（3）组装要求。

①电机安装。电机安装时需要重点关注的内容包括电机安装角、下拉角、反扭力、修正反扭力和电机安装角注意事项。

a. 电机安装角：电机安装角的设定关系到无人机的飞行稳定性。电机安装角如图 5-10 所示。拉力线是指固定翼无人机的发动机/电机（带动螺旋桨）产生拉力/推力的轴线。拉力线与无人机的机身轴线的夹角，就是电机安装角，一般是指右拉角和下拉角，分别是为了克服反扭力和过多的升力。相对于机身轴线来说，电机轴线与无人机前进方向的右前方延伸角度是右拉角，向前下方延伸的角度是下拉角。

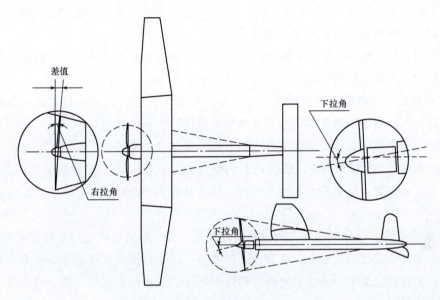

图 5-10　电机安装角

b. 下拉角：在组装时可根据具体需要对下拉角进行调节，下拉角的作用力线应该尽量靠近飞机重心时，但不一定穿过。当推力线高于重心时，给予飞机沉头的力；当推力线低于重心时，给予飞机抬头的力。为了方便对无人机进行控制，下拉角根据具体需要进行调节，一般是希望飞行中有较小的抬头为佳。电机安装时带有适当下拉角，可以克服过多的升力。飞机升力产生于机翼翼型，升力过大会使飞机在飞行中不断抬头上升，容易导致失速坠机；下拉角则可以消除多余的升力，使无人机平稳飞行。

c. 反扭力：电机带动螺旋桨转动产生推力，给飞机一个向前的力，同时会对飞机产生一个逆向旋转的反扭力。反扭力不是固定的值，是随着电机转速变化而变化的，转速越快，其反扭力越大。升力也不是固定的值，是随着飞机速度变化而变化的，速度越快，升力越大。

d. 修正反扭力：以前拉机型（电机在机头）为例，通常情况下，螺旋桨是逆时针旋转的，对机身的反扭力就是顺时针方向的。反扭力会使飞机在飞行过程中不断向左横滚偏转，最后会失去升力而坠机。要修正反扭力，就要调整右拉角，一般情况是 2°~3°。

e. 电机安装角注意事项：当遇到前拉机型飞机在飞行过程中不断右偏转弯时，应在确定所有舵面都在原位的情况下，调整右拉角，右偏是因为右拉角度太大，对右侧机翼压力太

大，应减小右拉角度；当遇到前拉机型飞机起飞沉头，尝试加大油门起飞反而更快沉头时，应先确保飞机重心与设计重心一致，所有舵面在原位，如果情况依旧，则可能因为下拉角度太大，需减小下拉角度。

②电调安装。电子调速器的连接方法是将调速器的三芯插头（信号插头）直接插入接收机的油门通道，将电调的输入线与电池连接、电调的输出线（有刷两根、无刷三根）与电机连接、电调的信号线与接收机连接。

电调一般有电源输出功能，即在信号线的正负极之间，有5 V左右的电压输出，通过信号线可为接收机供电，接收机再为舵机等控制设备供电。

电调的输出可以为3~4台舵机供电，因此，电动飞机一般不需要单独为接收机供电，除非舵机很多或对接收机电源有额外要求。

③螺旋桨安装。螺旋桨安装一般对固定翼无人机的机型有不同要求，注意螺旋桨有字的一面应该朝向无人机的前进方向。

a. 区分螺旋桨。用桨叶迎风面区分正反桨：螺旋桨横着放，桨叶有字的一面向上，右边桨叶的迎风面在后面的是正桨，右边桨叶的迎风面在前面的是反桨。

用桨叶上刻字来区分正反桨：桨叶上刻有螺旋桨型号规格字样，如10X5.5MR，另外一个螺旋桨的刻字是10X5.5MRP，最后有P的螺旋桨是反桨。由于螺旋桨生产厂家的不同，通过刻字来区分正桨、反桨的方式也不一样，有些是以CCW和CW来区分，有些是以L和R来区分。

b. 螺旋桨安装。区分好螺旋桨的正桨和反桨后，接下来就要将它们安装在电机上。

拿出桨垫逐个套在电机轴上，找到合适的桨垫，用小刀沿着桨垫边缘切出来，切的时候不要太靠近桨垫边，留下一点也没问题。切好后用细砂纸慢慢磨切口，磨平切口位，但要保证桨垫是正圆的。

把桨垫装到螺旋桨背面大孔中，装好后确保桨垫与大孔处于同一个平面。

c. 电机和螺旋桨的固定方式。由于从电机输出的功率大多传给螺旋桨，因此电机与螺旋桨的连接必须可靠，不能松动。同时，两者的连接还要满足震动小、拆装方便的要求。一般电机和螺旋桨的固定方式有以下两种。

ⓐ桨夹。桨夹是在无人机上用得最多的电机和螺旋桨连接器件。它由锥形轴、压紧衬套和固定螺母三部分组成。对于大型电机和螺旋桨的连接，为了保证强度，桨夹的直径必须很大，且应使用较硬的材料制作，这样就可以保证锥形轴的十字形切槽在变形后不断裂。

ⓑ螺旋桨安装座。大型电机的输出功率高达上千瓦，拉力达数公斤米每秒平方，这种情况下可能会出现打滑甚至松脱事故，因此需要使用螺旋桨安装座。螺旋桨通过固定螺母直接压紧在安装座上。大多数功率较大的电机都可采用这种方式与螺旋桨连接。把装好垫片的螺旋桨有字的面向上，按照电机安装的螺旋桨的类型，套到电机轴上，放上桨夹垫片，用螺母拧紧，再拧上子弹头，用螺丝起子插入子弹头小孔上拧紧。螺母和子弹头都要拧紧，防止螺旋桨高速旋转时飞出来伤人。

④舵机安装。

a. 安装要求：舵机的执行部分主要由摇臂、连杆及舵角组成，舵机的指针型摇臂适合方向舵和升降舵使用，一字形和十字形适用于副翼使用，如图 5-11 所示。

舵角一般是一个三角形的固定件，安装在无人机副翼、尾翼的活动面上，通过车杆与舵机摇臂连接，遥控控制活动面摆动调节无人机飞行轨迹，通过调整连在舵机摇臂和在舵角上的安装位置，实现舵面偏转量的设置，如图 5-12 所示。

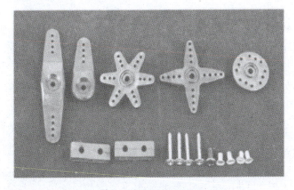

图 5-11　舵机执行机构组件

图 5-12　舵机安装图

b. 安装注意事项：对于固定翼无人机，同一舵面的各个铰链的中心线应该在一条直线上，并且位于舵面的中心；控制摇臂的转动点应该与铰链的中心线在同一个平面上；舵机摇臂应该与铰链中心线平行，调整摇臂使键槽与键齿相配合，尽量不要使用遥控器的中立位置调整功能来调整舵机的中心位置，使用高级的带轴承的连接附件和精密加工的铝制舵机摇臂，可以更好地完成设置。舵机安装位置如图 5-13 所示。

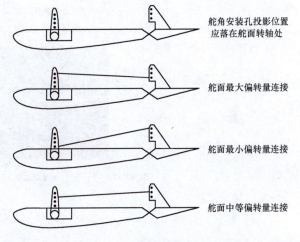

舵角安装孔投影位置应落在舵面转轴处

舵面最大偏转量连接

舵面最小偏转量连接

舵面中等偏转量连接

图 5-13　舵机安装位置示意

六、固定翼无人机飞控系统的组装

1. 飞控系统安装及注意事项

对于主控和惯性测量单元（Inertial Measurement Unit，IMU）一体化的飞控，安装时飞控上的箭头要指向无人机机头的方向。

对于主控器和 IMU 分开设计的飞控，安装时一般只要求 IMU 上的箭头指向无人机机头的方向。

IMU 对震动很敏感，安装时尽量将 IMU 安装在机体震动较小的地方，必要时添加减震装置。

2. 空速计传感器安装要求

空速计传感器一般安装在机翼上或机头部位，不能安装在螺旋桨后边。

3. GNSS 天线安装及注意事项

GNSS 天线应引出到无人机机体顶部，天线的信号接收面应平行于地面并在上方安装，不要安装在舱内或其他封闭空间内，否则信号质量将会受到较大影响，飞行器将不能准确定位。

天线表面不能覆盖金属材料（如铜箔等）或吸波材料（如碳纤维等）；天线馈线禁止弯折。

天线应远离磁场、电场，例如发动机、舵机、大电流连接线及带有辐射能力的电台或发射机。

4. 接收机安装及注意事项

先用泡沫塑料包好，放在舵机前面不受压、不受挤的地方。

用固定在机身上的橡筋条或尼龙搭扣固定好，天线在接收机的引出点不能受力，以免被折断，可以在引出处 10 cm 的地方绑上一段橡筋条，筋条的另一端固定在机身上。

天线的其余部分可以放在机身内或机身外，不能打圈，尽量拉直；不能将天线剪短，更不要用普通导线替换原来的天线。

5. 线缆连接

将各种传感器的信号线按照飞控上标识的对应接口和飞控进行组装连接，如图 5-14 所示。

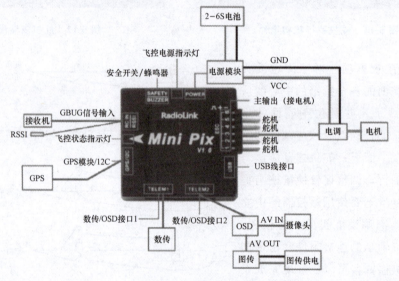

图 5-14　飞控连接示意

七、机载电力系统的组装

1. 电源开关安装要求

接收机电源开关要按照说明书规定的方法安装，直接安装在机身上的，一定要把扳键的孔开得足够大。

如果孔开得太小，开机后扳键没有到达锁紧位置，就可能自动退回关机位置造成失控。

如果安装在机身内，采用钢丝推拉开关的，一定要能拉或推到锁紧位置。

2. 电池安装要求

电池在模型受到冲击时惯性最大，故要把它放在所有部件的最前端。在小型模型上，为了调整重心位置而将电池后移时，一定要固定牢靠。在大型模型上，若对重心位置影响不是很大，建议不用电池后移的方法调整重心，不能因为电池外壳的坚固忽视对电池的减震，电池也应当用泡沫塑料包裹，尽量减小震动，以免电池内部或引线受到剧烈震动而损坏。

任务实施

任务场景	固定翼无人机组装
任务分组	学生 4～6 人一组，按照组间同质、组内异质进行分组，并推选组长，组长明确成员分工，相互配合完成任务
实施过程	1. 中小型固定翼无人机组装连接。写出固定翼无人机组装连接的项目。 2. 固定翼无人机动力系统的组装。写出动力系统组装要求。 3. 固定翼无人机飞控系统的组装。写出飞控系统的安装要求。 4. 机载电力系统的组装。写出电力系统的安装要求。
任务要求	1. 分组独立完成。 2. 各组以实物形式展示
任务反思	1. 在个人素养提升方面有哪些收获？ 2. 在任务实施中有哪些需要提高的方面？ 3. 固定翼无人机怎样配平？

 **任务评价**

序号	评价项目	评价指标	分值	自评 30％	互评 30％	师评 40％	合计
1	职业素养 （30 分）	制订计划能力强，严谨认真	5				
		责任意识、服从意识强	5				
		团队合作、交流沟通、分享能力强	5				
		遵守规范	5				
		完成任务积极主动	5				
		采取多种手段收集信息、解决问题	5				

续表

序号	评价项目	评价指标	分值	自评 30%	互评 30%	师评 40%	合计
2	专业能力 （60分）	明确固定翼无人机构造	15				
		明确固定翼无人机飞行原理	15				
		明确固定翼无人机平台组装	15				
		能准确地描述自己的优缺点，正视差距所在	15				
3	创新意识 （10分）	具备创新性思维和行动	10				
合计			100				
综合得分							

 巩固练习

1. 固定翼无人机的组装过程首先需要准备好所有必要的工具和材料，其中常用的工具有螺钉旋具、扳手、_____等。

2. 在组装固定翼无人机时，机翼的安装位置非常关键，通常机翼需要安装在机身的_____上，并确保机翼与机身之间保持水平。

3. 固定翼无人机的动力系统主要由电动机、螺旋桨和_____组成，其中电动机负责提供飞行所需的动力。

4. 在固定翼无人机的组装过程中，电子设备的安装也是非常重要的一步，常见的电子设备包括飞行控制器、接收机、_____和电池等。

5. 完成固定翼无人机的组装后，需要进行全面的检查，确保所有部件都已正确安装并紧固，同时还需要检查_____系统是否正常工作，以确保无人机能够稳定飞行。

任务二　固定翼无人机调试

 学习目标

知识目标

1. 熟悉固定翼无人机的内部参数。

2. 掌握固定翼无人机的飞行模式。

3. 掌握固定翼无人机的重要参数。

能力目标

1. 能使用调参软件进行调参。

2. 能调试固定翼无人机硬件。

素养目标

1. 培养为社会服务的责任感和使命感。

2. 培养创新思维和勇于探索的精神。

3. 培养安全、规范操作意识。

任务导入

完成固定翼无人机整机的组装和机械结构调试后，在试飞前后都要连接飞控进行参数调试。本任务的主要内容就是通过学习掌握固定翼无人机连接飞控的参数调试的方法，并能根据要求完成固定翼无人机软件内部参数的调整。

知识储备

一、固定翼无人机软件内部参数的调整

1. PID 控制

PID 控制理论及各参数的意义，在项目二中已有介绍，本任务主要对固定翼无人机飞行中各参数的意义进行介绍。

在完整的固定翼飞控系统中，通过 PID 参数设置，对无人机飞行过程中的航向、飞行姿态、飞行速度和飞行高度等多个状态进行控制，一般控制通道包括方向、副翼舵、滚转角、升降舵、目标俯仰角、高度差、油门舵空速、目标航向和偏航距等。

在固定翼无人机飞行的航线控制中，状态值是当前飞行的航向，最初设定的目标值是目标航向，通过控制量来使状态值不断靠近目标值。这里的控制量就是无人机飞行过程中实际控制的方向舵面及滚转角。

根据目标值与状态值的差异，给出的控制量是方向舵，即 PID 控制中的比例控制（P）项。在有了比例控制项的情况下，无人机可以朝着目标值去接近，在最初状态时，飞行航向和目标航向一致，此时 P 输出一个值以控制方向舵在中位。

由于无人机系统存在一定的安装偏差，因此实际飞行状态将偏离目标值，于是 P 会输出一个右舵修正航向的偏差，当偏差量小时，P 输出的值也小，此时若无人机继续左偏，P 输出值会持续加大，以使无人机沿着偏左的航线直飞，但是此时飞行的航向与目标航向仍然存在偏差，因此需要引入积分控制（I）项。

I 项的意义在于消除当前航向和目标航向的偏差，计算一次累加一次，一直累加到上次的值。该值加上这次计算时当前航向和目标航向的偏差的和与以前的累积误差有关。

当飞行航向与目标航向始终存在 I 项时，将这个值累加上，即在 P 项上叠加一个 I 项修正量，那么当前航向与目标航向的偏差就会很小。经过多次计算后，I 项始终输出修正值，使误差归零。这就是 I 项的作用，即消除系统误差。

但是，只有 P 项和 I 项是不能保证无人机的实际航线回到目标航线的。其原因是无人机

具有惯性，其在左转弯时产生了一个左转弯的速率，导致其回到目标航向无偏差且方向舵回中后，还会继续左转，然后产生负的偏差，P 项再输出右方向舵，方向舵再回中。

当 P 项输出值合适时，飞行航线逐渐靠拢目标航线，出现先左过头，再右过头，反复几次后过头量越来越小的情况，最终到达目标航向。微分控制（D）项的作用就是尽量消除这个过头量，提前给出一个修正量，使无人机尽快贴近目标航向，飞行更平稳且控制更准确。

因此，当方向舵量通过比例控制（P）、积分控制（I）和微分控制（D）后，可根据实际飞行表现，对 P、I、D 系数进行调整，最终使输出的控制量能够尽快控制状态值贴近目标值，并消除系统误差，避免过度振荡。

2. 常用的飞行模式

以固定翼无人机常用的 Pixhawk 飞控为例，常用的飞行模式主要有以下几种。

（1）手动模式。手动模式下的无人机既不启用导航系统，也不启用自动驾驶仪中的传感器，完全凭借操纵者对遥控器操纵杆舵量的控制来操控飞行姿态。

（2）增稳模式。增稳模式主要有 FBWA 和 FBWB 两种。对于新手来说，FBWA 是最好用和最简单的模式。在该模式下，在不操纵遥控器时，无人机会自动平飞，相对机身的倾斜与机动会变得不容易。但是要注意，在该模式下，无人机飞行的高度是不能自动控制的，是通过操纵油门操纵杆控制的，油门范围由 THR MIN 和 THR MAX 限制。

FBWB 模式在控制机身水平的同时控制高度，如果将副翼向右猛打方向，无人机会保持它的升降舵水平，同时会根据设定的参数向右倾侧，无人机不能以超过上述的设定角度倾侧，也不可能使无人机以超出设定的角度俯仰。

（3）巡航模式。巡航模式是自动控制高度、速度和方向的一种飞行模式，这个模式比 FBWB 模式操作简单，这是因为其增加了机头锁定方向的功能，并且油门量是根据巡航的速度参数表来设定的。

（4）留待模式。留待模式打开后，飞行器会自动保持当前位置、方向、高度不变。GPS 定位精确、罗盘干扰小、震动小，悬停效果就比较好。

3. 重要参数

对于固定翼无人机，Pixhawk 的重要参数如下：

（1）ARMING REQUIRE：数值为 0，表示取消油门解锁功能；数值为 1，表示解锁前的油门 PWM 最低值；数值为 2，表示解锁前油门没有 PWM 值电调提醒。

（2）FLTMDOE CH8：飞行模式通道（FM 默认飞行模式是 8 通）。

（3）AHRS TRIM Y：飞控水平补偿，为正值时无人机仰头。

（4）LIM PITCH MAX：最大俯仰角限制。

（5）LIM PITCH MIN：最大俯仰角限制。

（6）LIM ROLLED：左右侧倾限制。

（7）MIXING GAIN：混控增益。

（8）ALT HOLD RTL：无人机返航时的高度，设置为 -1 表示使用当前返航高度，单位为 cm。

（9）BATT CAPACITY：满电时的电池容量。

（10）TRIM THROTTLE：巡航时的油门设置。

（11）WP LOITER RAD：固定翼无人机航点模式盘旋半径的大小。

二、固定翼无人机硬件调试与试飞

固定翼无人机调试是指完成组装后，按设计要求对相关结构或部件进行调试，以使无人机满足基本的飞行要求。一般来说，按照设计要求进行的首次调试并不能达到理想的效果，还需要有经验的技术人员根据实际情况进行后续调试。本任务的主要内容就是：通过学习，掌握固定翼无人机重心、安装角、舵量、拉力线和动力系统的调试方法，并能根据要求完成固定翼无人机硬件调试与试飞。

1. 调试重心

（1）轻微型无人机确定重心的方法。

①手托法。手托法是指用两根手指从两侧机翼下表面相同位置托起无人机，反复更改手指位置，当无人机正好处于水平平衡时，手指所托的位置即前后重心位置。在测试和查找轻微型无人机重心位置时常用此方法。

②试飞法。试飞法是指用手抓住机身重心稍靠后的位置，机头稍低于水平线，逆风，沿机身方向将无人机轻轻掷出。注意手掷无人机时手臂不能画弧线，应沿机身方向的直线方向轻轻掷出。此方法适用于质量较轻、结构较稳固、抗摔的无人机。无人机掷出后可能出现 3 种滑翔，如图 5-15 所示。

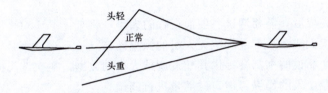

图 5-15　无人机滑翔姿态

在无人机滑翔过程中，出现波状飞行，属于不正常飞行；向下飞说明无人机头重，向上飞后再向下说明无人机头轻；若平稳下滑，则说明无人机飞行正常。在实际试飞过程中，还会出现其他情况，只有找到产生这种情况的原因，才能进行正确纠正。

（2）中小型无人机确定重心的方法。

①称量法。称量法主要有千斤顶称重法和机轮称重法。

常用的是机轮称重法，是将 3 台电子秤平台分别置于无人机起落架的 3 个机轮下，称量出 3 个点的质量值，再用三角形算法，计算重心的位置。该方法计算过程较复杂，在此不展开介绍。

②试飞法。试飞法是指在无人机组装完成后，通过试飞进一步确定重心位置是否符合设计要求。

试飞的一般操作是使无人机飞行爬升至一定高度后，保持平飞，然后关闭油门，观察无人机飞行状态，无人机呈略低头缓慢滑降为最佳。

若无人机直接栽头，则说明其重心偏前；若无人机呈波状飞行，则说明无人机重心偏心。根据无人机飞行状态，在其降落后通过配重调试其重心。

通过上述方法确定无人机重心位置后，再与设计重心位置进行比较，对不符合设计重心位置要求的无人机，一般要进行重心调试。

对于电动无人机，一般通过调整电池的安装位置来进行重心的调试。若调整电池安装位置后还不能满足要求，则要通过调整无人机上的机载设备的位置来调试重心位置，调试原则

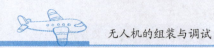

是不能影响机载设备的连线及使用。

对于无法通过改变内部设备位置来调试重心位置的油动无人机，可以通过增加配重的方式进行调试，一般使用薄铅片作为配重，通过双面胶或其他方式将其固定在合适位置。

2. 调试安装角度

安装角调试是指在无人机按要求完成重心调试后，对安装角进行测量和调试。

安装角是影响机翼气动特性的参数之一，对升力系数、零升力角、失速迎角和巡航阻力均有影响，并且影响无人机的起飞滑跑距离。

调试安装角时不仅要检查安装角的角度是否正确、机翼两边是否对称、是否符合技术文件要求，还应注意尾翼的安装角也要符合设计要求，通过测量和试飞的方法完成调试。

（1）上反角/下反角调试。除对安装角进行测量外，还应该对设计要求中的其他角度进行测量，如上反角/下反角。对于上反角/下反角，在安装过程中要严格遵守设计要求，如安装是否对称、角度是否符合要求等。若发现不符合要求，必须进行调试，必要时应拆卸后重新安装。

（2）后掠角调试。后掠角调试也应严格遵守设计要求，主要测量后掠角的角度是否正确、安装是否对称等。若发现不符合要求，必须进行调试，必要时应拆卸后重新安装。

3. 调试舵量

在无人机组装完成后，需要调试各舵面行程的大小。例如，某 1 600 mm 翼展的无人机完成组装后，舵量太大或太小都会影响无人机的操纵性。

一般无人机的产品说明书都会提供其舵量调试大小的数据，初次试飞应参考该值。试飞后可根据飞行情况及个人的操纵习惯，对舵量进行调试。

副翼、升降舵、方向舵的航量标准没有绝对的规定，在调试过程中应注意不能一次调试到位，而是每次调试一个小数量，一般要经过几次调试后才能达到理想状态。

一般情况下，中型无人机在出厂时就已完成舵量调试，驾驶员只需从遥控器的计算机系统中对舵面行程大小进行调试，不需要直接调试舵机及机械连接部分。小型及以下的固定翼无人机由于质量轻、结构相对简单，舵机是采用普通设备进行连接的，驾驶员一般是通过调试舵面摇臂和舵机摇臂安装孔的位置来完成舵量调试的。

舵机摇臂的安装孔越靠外行程越大，越靠里行程越小；舵面摇臂的安装孔越靠外行程越小，越靠里行程越大，两者可以同时适度调试。

4. 调试拉力线

拉力线与无人机机身轴线的夹角一般是右拉角和下拉角，主要是为了平衡螺旋桨的反作用力矩和过多的升力，一般无人机的产品说明书中会给出安装角的规定。

但是需要注意，反作用力矩不是固定值，会随着电机转速的变化而变化，电机转速越快，反作用力矩越大。

升力也不是固定值，会随着无人机速度的变化而变化，速度越快升力越大。因此安装角的数值并不是一直不变的，按照参考数值安装即可。对于有经验的驾驶员或有特殊飞行要求的无人机，可对拉力线进行适当调试。

5. 调试动力系统

固定翼无人机的动力系统分为油动与电动。电动固定翼无人机的动力系统包括螺旋桨、电机、电调和电池。

在调试电动系统时，还要注意检查以下三方面：

（1）无刷电机工作是否顺畅。

（2）螺旋桨是否完好无损。

（2）陀螺仪和指南针是否准确。

 ### 任务实施

任务场景	固定翼无人机调参软件
任务分组	学生 4～6 人一组，按照组间同质、组内异质进行分组，并推选组长，组长明确成员分工，相互配合完成任务
实施过程	1. 安装完 Mission Planner 和驱动。 　2. 固件安装前应先连接 APM 的 USB 线到计算机。 　3. 启动 Misson Planner 主程序。 　4. 完成后单击"连接"选项。 　固件安装完成后需要进行遥控器校准、加速度计校准、罗盘校准。具体的校准步骤及其他任务设置详见项目三
任务要求	1. 分组独立完成。 　2. 各组以视频形式展示调参过程
任务反思	1. 在个人素养提升方面有哪些收获？ 　2. 在任务实施中有哪些需要提高的方面？ 　3. 中小型无人机确定重心的方法有哪些？

任务评价

序号	评价项目	评价指标	分值	自评 30%	互评 30%	师评 40%	合计
1	职业素养（30分）	制订计划能力强，严谨认真	5				
		责任意识、服从意识强	5				
		团队合作、交流沟通、分享能力强	5				
		遵守规范	5				
		完成任务积极主动	5				
		采取多种手段收集信息、解决问题	5				
2	专业能力（60分）	明确固定翼无人机的重要参数	15				
		能进行固定翼无人机的硬件调试	15				
		能使用无人机软件内部参数进行参数调整	15				
		能准确地描述自己的优缺点，正视差距所在	15				
3	创新意识（10分）	具备创新性思维和行动	10				
合计			100				
综合得分							

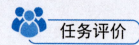

巩固练习

1. 在进行固定翼无人机的调试之前，首先需要确保所有组装工作已经完成，并且各部件均已正确安装，包括机翼、尾翼、动力系统、_____等。

2. 调试固定翼无人机的第一步通常是检查电源系统，确保电池已充满电并且_____连接正确无误。

3. 在进行飞行控制器设置时，需要校准无人机的各种传感器，以确保其在飞行过程中能够准确感知姿态和位置，这些传感器包括陀螺仪、加速度计和_____等。

4. 在完成基本设置和校准后，需要进行飞行测试以验证固定翼无人机的性能和稳定性。在飞行测试中，需要特别关注无人机的起飞、巡航、_____和着陆等关键动作。

5. 如果在调试过程中遇到任何问题或故障，应该及时进行分析和排查。常见的故障排查方法包括检查硬件连接、查看飞行数据日志、使用调试软件进行_____等。

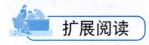

无人机安全飞行指引

由中华人民共和国国务院、中华人民共和国中央军事委员会颁布的《无人驾驶航空器飞行管理暂行条例》（国令第761号）（以下简称《条例》）已于2024年1月1日起正式施行。

单位和个人飞行无人驾驶航空器，应依法合规飞行，不得危害公共安全。对于违法违规飞行，公安机关将依据《中华人民共和国治安管理处罚法》《无人驾驶航空器飞行管理暂行条例》等法律法规予以处罚；构成犯罪的，将依法追究刑事责任。

一、实名登记

根据《条例》规定，民用无人驾驶航空器不分类型和质量，所有人都应当按规定在UOM平台进行实名登记。对违反《条例》规定，民用无人驾驶航空器未经实名登记实施飞行活动的，由公安机关责令改正，可以处200元以下罚款；情节严重的，处2 000元以上2万元以下罚款。

二、飞行申报

《条例》第十九条规定，真高120米以上空域，空中禁区、空中限制区以及周边空域，军用航空超低空飞行空域，以及下列区域上方的空域应当划设为管制空域：

（1）机场以及周边一定范围的区域；

（2）国界线、实际控制线、边境线向我方一侧一定范围的区域；

（3）军事禁区、军事管理区、监管场所等涉密单位以及周边一定范围的区域；

（4）重要军工设施保护区域、核设施控制区域、易燃易爆等危险品的生产和仓储区域，以及可燃重要物资的大型仓储区域；

（5）发电厂、变电站、加油（气）站、供水厂、公共交通枢纽、航电枢纽、重大水利设施、港口、高速公路、铁路电气化线路等公共基础设施以及周边一定范围的区域和饮用水水源保护区；

（6）射电天文台、卫星测控（导航）站、航空无线电导航台、雷达站等需要电磁环境特殊保护的设施以及周边一定范围的区域；

（7）重要革命纪念地、重要不可移动文物以及周边一定范围的区域；

（8）国家空中交通管理领导机构规定的其他区域。

对微型、轻型、小型无人驾驶航空器，《条例》专门划设了适飞空域：真高120米以下（管制空域除外）为适飞空域，可自由飞行，无须提交飞行活动申请。

需要注意的是：组织微型、轻型、小型无人驾驶航空器在适飞空域内的飞行活动，如存在通过通信基站或者互联网进行无人驾驶航空器中继飞行、运载危险品或者投放物品（常规农用无人驾驶航空器作业飞行除外）、飞越集会人群上空、在移动的交通工作上操控无人驾驶航空器、实施分布式操作或者集群5种情形的，也应当提出飞行活动申请。

对违反《条例》规定，未经批准操控微型、轻型、小型民用无人驾驶航空器在管制空域内飞行，或者操控模型航空器在空中交通管理机构划定的空域外飞行的，由公安机关责令停止飞行，可以处500元以下的罚款；情节严重的，没收实施违规飞行的无人驾驶航空器，并处1 000元以上1万元以下的罚款。

飞行申报指引：中国民航局2023年12月31日发布《关于民用无人驾驶航空器监管服

务有关事宜的公告》，要求组织无人驾驶航空器飞行活动的单位或个人，应当在拟飞行前1日12时前通过民用无人驾驶航空器综合管理平台（UOM）提出飞行活动申请。登录进入首页→单击右上角"运行管理"→飞行活动申请→一般飞行活动（图5-16）。

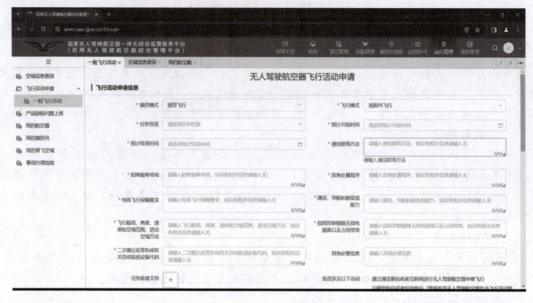

图5-16　飞行活动申请

三、起飞确认

《条例》第三十条规定：飞行活动已获得批准的单位或者个人组织无人驾驶航空器飞行活动的，应当在计划起飞1小时前向空中交通管理机构报告预计起飞时刻和准备情况，经空中交通管理机构确认后方可起飞。

在飞行活动申请通过批准后，根据审批意见，在计划起飞1小时前先与空中交通管理机构进行预先协同，再通过民用无人驾驶航空器综合管理平台（UOM）提报"起飞确认"，经平台回复同意后方可起飞。

四、操控小型、中型、大型无人驾驶航空器需先取得执照

《条例》第十六条规定：操控小型、中型、大型民用无人驾驶航空器飞行的人员应当具备下列条件，并向国务院民用航空主管部门申请取得相应民用无人驾驶航空器操控员（以下简称操控员）执照：

（1）具备完全民事行为能力；

（2）接受安全操控培训，并经民用航空管理部门考核合格；

（3）无可能影响民用无人驾驶航空器操控行为的疾病病史，无吸毒行为记录；

（4）近5年内无因危害国家安全、公共安全或者侵犯公民人身权利、扰乱公共秩序的故意犯罪受到刑事处罚的记录。

从事常规农用无人驾驶航空器作业飞行活动的人员无需取得操控员执照，但应当由农用无人驾驶航空器系统生产者按照国务院民用航空、农业农村主管部门规定的内容进行培训和考核，合格后取得操作证书。

违反《条例》规定，未取得操控员执照操控民用无人驾驶航空器飞行的，民用航空管理部门将依法进行处罚。

五、未成年人飞行注意事项

无民事行为能力人只能操控微型民用无人驾驶航空器飞行，限制民事行为能力人只能操控微型、轻型民用无人驾驶航空器飞行。无民事行为能力人操控微型民用无人驾驶航空器飞行或者限制民事行为能力人操控轻型民用无人驾驶航空器飞行，应当由完全民事行为能力人（需符合取得操控员执照的条件）现场指导。

无民事行为能力人、限制民事行为能力人违反《条例》规定操控民用无人驾驶航空器飞行的，由公安机关对其监护人处 500 元以上 5 000 元以下的罚款；情节严重的，没收实施违规飞行的无人驾驶航空器。（注：八周岁以上的未成年人为限制民事行为能力人；不满八周岁的未成年人、不能辨认自己行为的成年人以及不能辨认自己行为的八周岁以上的未成年人为无民事行为能力人。）

参考文献

[1] 梁剑雄，钟业铭，胡雅奇．无人机装配与调试项目教程［M］．成都：电子科技大学出版社，2021．

[2] 石磊，杨宇．无人机组装、调试与维护［M］．西安：西北工业大学出版社，2019．